工业机器人操作与编程

严　峻　主编

东南大学出版社
SOUTHEAST UNIVERSITY PRESS
·南京·

图书在版编目（CIP）数据

工业机器人操作与编程 / 严峻主编. -- 南京：东
南大学出版社，2024. 7. -- ISBN 978-7-5766-1540-1

Ⅰ. TP242.2

中国国家版本馆 CIP 数据核字第 20249HM181 号

责任编辑：弓佩　责任校对：韩小亮　封面设计：余武莉　责任印制：周荣虎

工业机器人操作与编程

Gongye Jiqiren Caozuo Yu Biancheng

主　　编：严　峻
出版发行：东南大学出版社
社　　址：南京四牌楼 2 号　邮编：210096　电话：025 - 83793330
出 版 人：白云飞
网　　址：http://www. seupress. com
电子邮件：press@seupress. com
经　　销：全国各地新华书店
印　　刷：江苏扬中印刷有限公司
开　　本：787 mm×1092 mm　1/16
印　　张：10.5
字　　数：230 千字
版　　次：2024 年 7 月第 1 版
印　　次：2024 年 7 月第 1 次印刷
书　　号：ISBN 978 - 7 - 5766 - 1540 - 1
定　　价：48.00 元

本社图书若有印装质量问题，请直接与营销部联系。电话(传真)：025 - 83791830。

前　言

　　本书基于华中数控 HSR-JR6-C2 型工业机器人，面向工业机器人行业的岗位需求，以工业机器人的典型工程应用为载体，根据高等职业教育的特点，以"工作项目导引，任务载体驱动，相关知识链接，学后任务实施，拓展训练巩固"的项目化教学方式进行编写，体现了"教、学、做一体化"的教学理念。

　　本书共有六个项目计十三个任务，项目一和项目二为基础技能应用，内容包括：机器人基础认知、基本操作、程序文件编辑和基础编程等；项目三、四、五为机器人典型作业功能开发，项目难度和综合度逐步递进，体现优化原则，内容包括：机器人搬运编程与调试、机器人码垛编程与调试、机器人上下料编程与调试；项目六为机器人写字编程与调试，采用示教编程和离线编程两种方法，使用 InteRobot 离线仿真软件，与后续课程无缝衔接。

　　本书具有以下特点：

　　1. 体现"项目引导"的特点。包含"项目概述、教学目标、数字化资源、逻辑/难度/综合度递进任务、项目小结、项目拓展、思考与练习"，项目结构完整，系统性强，实用性高。

　　2. 体现"任务驱动"的特点。任务实施过程与机器人典型作业功能开发流程相契合，以"任务需求→必备知识→决策分析→任务实施→方案优化→任务考核"步骤设计教学过程，凸显"教、学、做一体化"的教学理念。

　　3. 项目难度、综合度依次递进，符合学生认知和职业成长规律，逐步培养学生从基本操作→基础应用→功能开发→综合优化的逐层递进能力，在安全规范操作中，逐步形成严谨、精益求精的工作作风，全面提升综合技能和职业素养。

　　4. 打破传统的学科体系结构，将各知识点与操作技能恰当地融入各个项目(任务)中，突出现代职业教育的职业性和实践性，强化实践，注重学生的实践动手能力，适应高职学生的学习特点。

　　5. 坚持高技能高素质人才的培养方向，评价考核体系完善、可量化，注重综合素质培养，除知识和技能实操考核外，既有程序原创等职业素养扣分项，又有创新、互助等加分项。

　　6. 数字化资源丰富，同步建成在线开放课程，提供操作视频二维码、教学课件、各类标准、企业设备图纸和用户手册、虚拟示教器和虚拟实训平台等,解决现场生均设备不足、课后自学难度大等问题,具有良好的可操作性。

本书图文并茂,逻辑清晰,面向应用,既可作为高等职业院校工业机器人技术、电气自动化技术、机电一体化技术等专业的教学用书,也可作为相关行业工程技术人员的参考用书。

本书数字化资源丰富,同步配套在线开放课程(在线开放课程网址:https://moocl-1. chaoxing. com/mooc-ans/course/236089633. html)、教学课件、思考与练习答案、模拟试卷及答案等数字化教学资源,凡选用本书作为授课教材的老师,均可通过 QQ 邮箱(19191036@qq. com)咨询。

本书由鄂州职业大学严峻主编,感谢武汉华中数控股份有限公司和武汉高德信息产业有限公司为本书的编写提供技术资料和软件支持。在编写本书过程中,参考了佛山华数机器人有限公司的 HSR-JR612-CII 用户说明书,HSR-JR605-CII 机械电气操作维护手册以及华数机器人操作与编程说明书 V1. 6. 9,在此一并表示感谢。

由于编者水平有限,虽力求完美,但书中难免存在疏漏,敬请读者批评指正。

编　者

2023 年 12 月

目　录

项目一　工业机器人基本操作 ┈┈┈┈┈┈┈┈┈┈┈┈┈┈┈┈┈ 1

　　任务一　机器人安全开关机 ┈┈┈┈┈┈┈┈┈┈┈┈┈┈┈ 3

　　　　任务说明 ┈┈┈┈┈┈┈┈┈┈┈┈┈┈┈┈┈┈┈┈┈┈ 3

　　　　知识链接 ┈┈┈┈┈┈┈┈┈┈┈┈┈┈┈┈┈┈┈┈┈┈ 3

　　　　　　1. 工业机器人基础认知 ┈┈┈┈┈┈┈┈┈┈┈┈ 3

　　　　　　2. 安全规程与安全标识 ┈┈┈┈┈┈┈┈┈┈┈┈ 10

　　　　　　3. 机器人电控系统 ┈┈┈┈┈┈┈┈┈┈┈┈┈┈ 14

　　　　任务分析 ┈┈┈┈┈┈┈┈┈┈┈┈┈┈┈┈┈┈┈┈┈┈ 17

　　　　任务实施 ┈┈┈┈┈┈┈┈┈┈┈┈┈┈┈┈┈┈┈┈┈┈ 17

　　　　　　1. 操作前准备 ┈┈┈┈┈┈┈┈┈┈┈┈┈┈┈┈ 17

　　　　　　2. 安全开机 ┈┈┈┈┈┈┈┈┈┈┈┈┈┈┈┈┈ 17

　　　　　　3. 安全关机 ┈┈┈┈┈┈┈┈┈┈┈┈┈┈┈┈┈ 17

　　　　任务考核 ┈┈┈┈┈┈┈┈┈┈┈┈┈┈┈┈┈┈┈┈┈┈ 19

　　任务二　机器人运动前准备 ┈┈┈┈┈┈┈┈┈┈┈┈┈┈┈ 20

　　　　任务说明 ┈┈┈┈┈┈┈┈┈┈┈┈┈┈┈┈┈┈┈┈┈┈ 20

　　　　知识链接 ┈┈┈┈┈┈┈┈┈┈┈┈┈┈┈┈┈┈┈┈┈┈ 20

　　　　　　1. 示教器操作界面 ┈┈┈┈┈┈┈┈┈┈┈┈┈┈ 20

　　　　　　2. 用户组 ┈┈┈┈┈┈┈┈┈┈┈┈┈┈┈┈┈┈┈ 22

　　　　　　3. 软限位设置 ┈┈┈┈┈┈┈┈┈┈┈┈┈┈┈┈ 23

　　　　　　4. 轴校准 ┈┈┈┈┈┈┈┈┈┈┈┈┈┈┈┈┈┈┈ 23

　　　　任务分析 ┈┈┈┈┈┈┈┈┈┈┈┈┈┈┈┈┈┈┈┈┈┈ 25

　　　　任务实施 ┈┈┈┈┈┈┈┈┈┈┈┈┈┈┈┈┈┈┈┈┈┈ 25

　　　　　　1. 运行参数设置 ┈┈┈┈┈┈┈┈┈┈┈┈┈┈┈ 25

　　　　　　2. 校准 ┈┈┈┈┈┈┈┈┈┈┈┈┈┈┈┈┈┈┈┈ 26

　　　　　　3. 软限位设置 ┈┈┈┈┈┈┈┈┈┈┈┈┈┈┈┈ 27

　　　　任务考核 ┈┈┈┈┈┈┈┈┈┈┈┈┈┈┈┈┈┈┈┈┈┈ 28

　　任务三　手动操控机器人运动 ┈┈┈┈┈┈┈┈┈┈┈┈┈┈ 29

　　　　任务说明 ┈┈┈┈┈┈┈┈┈┈┈┈┈┈┈┈┈┈┈┈┈┈ 29

知识链接 ··· 29

  1. HSR-JR6 机器人机械结构 ···················· 29

  2. 坐标系简介 ·································· 30

  3. 点位示教 ···································· 32

任务分析 ··· 33

任务实施 ··· 34

  1. 运动参数设置 ································ 34

  2. 手动操控机器人运动到目标点 ············· 34

  3. 记录目标点坐标 ····························· 35

任务考核 ··· 36

项目二　工业机器人基础编程 ························· 38

  任务一　程序文件管理 ····························· 40

    任务说明 ··· 40

    知识链接 ··· 40

      1. 导航器界面 ······························· 40

      2. 程序文件管理 ····························· 40

      3. 编辑器界面 ······························· 43

    任务分析 ··· 44

    任务实施 ··· 45

      1. 新建文件夹和程序 ························· 45

      2. 缩减默认程序 ····························· 45

      3. 进行复制、删除、锁定、备份和恢复等操作 ··· 45

    任务考核 ··· 46

  任务二　简单运动程序设计 ························· 47

    任务说明 ··· 47

    知识链接 ··· 47

      指令系统 ··································· 47

    任务分析 ··· 50

    任务实施 ··· 50

      1. 机器人运动规划 ··························· 50

      2. 示教前准备 ······························· 51

      3. 示教编程 ································· 51

    任务考核 ··· 53

项目三　工业机器人搬运编程与调试 ··················· 55

  任务一　机器人简单搬运 ··························· 57

任务说明 …………………………………………………………………… 57

知识链接 …………………………………………………………………… 57

1. 搬运任务相关指令 …………………………………………………… 57

2. 位置数据存放方法 …………………………………………………… 59

3. 示教编程工作流程 …………………………………………………… 60

4. 程序调试步骤 ………………………………………………………… 60

任务分析 …………………………………………………………………… 61

任务实施 …………………………………………………………………… 62

1. 搬运任务运动规划 …………………………………………………… 62

2. 示教前准备 …………………………………………………………… 62

3. 示教编程 ……………………………………………………………… 63

4. 程序调试与优化 ……………………………………………………… 65

任务考核 …………………………………………………………………… 66

任务二 机器人往返搬运 …………………………………………………… 67

任务说明 …………………………………………………………………… 67

知识链接 …………………………………………………………………… 67

1. 点位示教优化 ………………………………………………………… 67

2. 模块化程序设计 ……………………………………………………… 68

任务分析 …………………………………………………………………… 69

任务实施 …………………………………………………………………… 70

1. 往返搬运任务运动规划 ……………………………………………… 70

2. 示教前准备 …………………………………………………………… 70

3. 示教编程 ……………………………………………………………… 70

4. 程序调试与优化 ……………………………………………………… 72

任务考核 …………………………………………………………………… 73

项目四 工业机器人码垛编程与调试 …………………………………………… 75

任务一 机器人六工件重叠式码垛 ………………………………………… 77

任务说明 …………………………………………………………………… 77

知识链接 …………………………………………………………………… 77

1. 码垛工艺简介 ………………………………………………………… 77

2. 码垛任务相关指令 …………………………………………………… 80

任务分析 …………………………………………………………………… 83

任务实施 …………………………………………………………………… 83

1. 码垛任务运动规划 …………………………………………………… 83

2. 示教前准备 …………………………………………………………… 85

3. 示教编程 ·· 86

4. 程序调试与优化 ·· 90

任务考核 ·· 91

任务二　机器人重叠式码垛功能优化 ·· 92

任务说明 ·· 92

知识链接 ·· 92

1. 机器人坐标系标定 ·· 92

2. 码垛任务优化相关指令 ·· 96

任务分析 ·· 96

任务实施 ·· 96

1. 码垛功能优化任务运动规划 ·· 96

2. 示教前准备 ·· 96

3. 示教编程 ·· 97

4. 程序调试与优化 ·· 98

任务考核 ·· 99

项目五　工业机器人上下料编程与调试 ·· 101

任务一　机器人八工件上下料 ·· 103

任务说明 ·· 103

知识链接 ·· 103

机器人 I/O 端口 ·· 103

任务分析 ·· 106

任务实施 ·· 106

1. 上下料任务运动规划 ·· 106

2. 示教前准备 ·· 108

3. 示教编程 ·· 108

4. 程序调试与优化 ·· 113

任务考核 ·· 114

任务二　机器人上下料功能优化 ·· 115

任务说明 ·· 115

知识链接 ·· 115

上下料任务优化相关指令 ·· 115

任务分析 ·· 116

任务实施 ·· 116

1. 机器人上下料功能优化任务运动规划 ······························ 116

2. 示教前准备 ·· 116

　　　　3. 示教编程 ·· 117

　　　　4. 程序调试与优化 ··································· 118

　　任务考核 ··· 119

项目六　工业机器人写字编程与调试 ·················· 121

　任务一　机器人写字示教编程与调试 ·············· 123

　　任务说明 ··· 123

　　知识链接 ··· 123

　　　写字任务相关指令 ································· 123

　　任务分析 ··· 126

　　任务实施 ··· 126

　　　　1. 写字任务运动规划 ··························· 126

　　　　2. 示教前准备 ···································· 127

　　　　3. 示教编程 ·· 127

　　　　4. 程序调试与优化 ··································· 129

　　任务考核 ··· 131

　任务二　机器人写字离线编程与仿真 ·············· 132

　　任务说明 ··· 132

　　知识链接 ··· 132

　　　　1. 软件功能模块及使用方法 ················· 132

　　　　2. 工作站搭建方法 ······························· 141

　　任务分析 ··· 145

　　任务实施 ··· 145

　　　　1. 机器人写字离线编程工作站搭建 ········· 145

　　　　2. 机器人写字离线编程路径创建 ············· 149

　　　　3. 机器人写字离线编程路径优化 ············· 152

　　　　4. 机器人写字离线编程代码输出 ············· 153

　　任务考核 ··· 154

参考文献 ··· 157

项目一
工业机器人基本操作

 项目概述

    工业机器人是面向工业领域的多自由度的机器装置，它可以按照预先编制的程序自动运行，可替代人工在不良工作环境中工作，对保障人身安全，改善劳动环境，减轻劳动强度，提高产品品质和劳动生产率，节约原材料消耗以及降低生产成本有着十分重要的意义。

    本项目通过对 HSR-JR6 型工业机器人机械系统及控制系统的学习，使学生对机器人的基本组成、安全规范与安全标识、示教器的基本操作有系统认知，具备对机器人进行安全开关机、校准、简单手动操作的能力，为下一步编程操作工业机器人做好技术准备。

 知识目标

1. 熟悉机器人定义、组成、分类和典型应用。
2. 熟悉示教器按钮、菜单界面和基本功能。
3. 掌握机器人操作安全规范。
4. 掌握安全开关机、校准等手动操作机器人的基本方法。

 **能力目标**

1. 能描述工业机器人组成、分类和典型应用领域。
2. 能描述机器人操作安规要点。
3. 能使用示教器进行机器人开关机、校准、移动等基本操作。

素质目标

1. 培养团队协作的精神。
2. 具备安全生产意识。
3. 培养规范、严谨、细致的工作作风。

数字化资源

1-1　安全开机

1-2　手动操控机器人运动到目标点

1-3　安全关机

1-4　轴坐标系下运动

1-5　世界坐标系下运动

1-6　基坐标系下运动

1-7　工具坐标系下运动

1-8　内部轴校准

1-9　附加轴运动

1-10　寄存器保存点位坐标

1-11　HSR-JR605-CⅡ机器人用户手册

1-12　HSR-JR612 机器人机械操作维护手册

任务一　机器人安全开关机

任务说明

本任务要求使用华数Ⅱ型 6 轴垂直多关节串联机器人，完成安全开关机操作，现场机器人设备有两种，如图 1-1 所示。

图 1-1　HSR-JR6 型机器人

知识链接

1. 工业机器人基础认知

1.1　工业机器人的历史

机器人（Robot）一词源自捷克著名剧作家卡雷尔·恰佩克（Karel Čapek）1920 年创作的剧本《罗萨姆的万能机器人》（简称 R. U. R），由于 R. U. R 剧中的人造机器被取名为 Robota（捷克语，即奴隶、苦力），因此，英文 Robot 一词开始代表机器人。

为了防止机器人伤害人类，科幻作家阿西莫夫（Isaac. Asimov）于 1940 年提出了"机器人三原则"：

机器人不应伤害人类；

机器人应遵守人类的命令，与第一条违背的命令除外；

机器人应能保护自己，与第一条相抵触者除外。

这是给机器人赋予的伦理性纲领。机器人学术界一直将这三原则作为机器人开发的准则。

1954 年美国人乔治·戴沃尔制造出世界上第一台可编程的机器人；1959 年戴沃尔与美国发明家约瑟夫·恩格伯格联手制造出第一台工业机器人 Unimate，如图 1-2 所示，开创了机器人发展的新纪元。

(a)乔治·戴沃尔（右）与美国　　　　(b)世界上第一台机器人
发明家约瑟夫·恩格伯格

图1-2　第一台工业机器人及其发明者

20世纪60年代初，美国AMF公司推出了"Versatran型"和"Unimation型"机器人，并很快地在工业生产中得到应用；1969年，美国通用汽车公司用21台工业机器人组成了焊接轿车车身的自动生产线。

1.2　工业机器人的定义

国际上对工业机器人的定义很多，目前国际上基本遵循国际标准化组织(ISO)所下的定义："工业机器人是一种能自动控制，可重复编程，多功能、多自由度的操作机。它能搬运材料、工件或操持工具，来完成各种作业。"

我国国家标准《机器人与机器人装备　词汇》(GB/T 12643—2013)对工业机器人的定义为："自动控制的、可重复编程、多用途的操作机，可对三个或三个以上轴进行编程。它可以是固定式或移动式。在工业自动化中使用。"

综上所述，工业机器人是自动执行工作的机器装置，是靠自身动力和控制能力来实现各种功能的一种机器。它可以接受人类指挥，也可以按照预先编排的程序运行，现代的工业机器人还可以根据人工智能技术制定的原则纲领行动。

2013年至今，我国工业机器人市场连续十年位居全球首位，工业机器人也是我国市场占比最高的机器人类型，如图1-3所示。

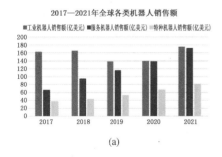

(a)　　　　　　　　(b)　　　　　　　　(c)

图1-3　工业机器人市场

1.3　工业机器人的组成

工业机器人通常由三大部分六个子系统组成。

三大部分是机械部分、传感部分、控制部分。这三个部分又可分为六个子系统：驱动系统、机械结构系统、感受系统、机器人-环境交互系统、人机交互系统和控制系统。

这六个子系统的作用是什么呢？

假如我们需要控制机器人动作，首先通过人机交互系统发出动作命令。人机交互系统是操作人员参与工业机器人控制并与工业机器人进行联系的装置，如示教器等。

然后作业指令发给控制系统，控制系统结合传感器反馈回来的信号支配执行机构去完成规定的运动和功能。

但是工业机器人作为执行机构要运行起来，需给各个关节安装传感装置和传动装置，这就构成了驱动系统，它的作用是提供工业机器人各部件、各关节动作的原动力。

所以控制系统支配驱动系统驱使工业机器人的机械部分动作。机械结构主要有底座、机身、手臂和末端执行器等。

机械部分动作时，感受系统中的传感器模块会实时获取工业机器人内部和外部环境状态信息，反馈给人机交互系统和控制系统。

同时，如果除了工业机器人外，还有其他外部设备，那么机器人环境交互系统会将外部设备状态传输给感受系统，以实现工业机器人与外部环境中的设备相互联系和协调。

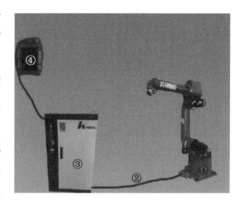

①本体；②连接线缆；③电控柜；④示教器。

图 1-4　工业机器人的组成

通常所说的工业机器人包括本体、连接线缆、电控柜和示教器，如图 1-4 所示。机器人的机械本体结构会有所不同。

1.4　工业机器人的分类

1）按机器人结构坐标系的特点分类

通常可分为：直角坐标型机器人、圆柱坐标型机器人、极（球面）坐标型机器人和多关节坐标型机器人，其运动简图和动作空间图如图 1-5 所示。

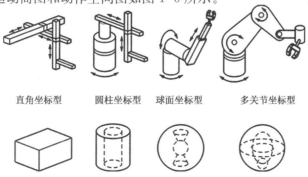

直角坐标型　　圆柱坐标型　　球面坐标型　　多关节坐标型

图 1-5　各类工业机器人运动简图和动作空间图

A. 直角坐标型机器人

直角坐标型机器人的手部在空间 3 个相互垂直的 X、Y、Z 方向作移动运动,构成一个直角坐标系,运动是独立的(有 3 个独立自由度),其动作空间为长方体(图 1-6)。其特点是控制简单、运动直观性强、易达到高精度,但操作灵活性差、运动的速度较低、操作范围较小而占据的空间相对较大。

B. 圆柱坐标型机器人

圆柱坐标型机器人机座上具有一个水平转台,在转台上装有立柱和水平臂,水平臂能上下移动和前后伸缩,并能绕立柱旋转,在空间构成部分圆柱面(具有一个回转和两个平移自由度)(图 1-7)。其特点是工作范围较大、运动速度较高,但随着水平臂沿水平方向伸长,其线位移分辨精度越来越低。著名的沃萨特兰机器人(Versatran)就是典型的圆柱坐标型机器人。

图 1-6　直角坐标型机器人　　　　　图 1-7　圆柱坐标型机器人

C. 极坐标型(球面坐标型)机器人

极坐标型机器人工作臂不仅可绕垂直轴旋转,还可绕水平轴作俯仰运动,且能沿手臂轴线作伸缩运动(其空间位置分别有旋转、摆动和平移 3 个自由度)(图 1-8)。著名的尤尼梅特机器人(Unimate)就是这种类型的机器人。其特点是结构紧凑,所占空间体积小于直角坐标型和圆柱坐标型机器人,但仍大于多关节坐标型机器人,操作比圆柱坐标型更为灵活。

图 1-8　极坐标型(球面坐标型)机器人

D. 多关节坐标型机器人

多关节坐标型机器人由多个旋转和摆动机构组合而成(图 1-9)。其特点是操作灵活性最好、运动速度较高、操作范围大,但精度受手臂位姿的影响,实现高精度运动较困难。对喷涂、装配、焊接等多种作业都有良好的适应性,应用范围越来越广。这类机器人又可分为垂直多关节机器人和水平多关节机器人。

2) 按工业机器人驱动方法分类

通常可分为:电力驱动、液压驱动、气压驱动。

(a) SCARA 水平多关节机器人　　　(b) 水平多关节机器人流水线分拣　　　(c) 垂直多关节机器人

图 1-9　多关节坐标型机器人

A. 电力驱动

电力驱动是目前在工业机器人中用得最多的一种。早期多采用步进电动机(又叫脉冲电动机)(SM)驱动,后来发展了直流伺服电动机,现在交流伺服电动机驱动也开始广泛应用。上述驱动单元有的直接驱动机构运动,有的通过谐波减速器等装置来减速,结构简单紧凑。

B. 液压驱动

液压驱动机器人有很大的抓取能力,抓取力可高达上千牛,液压力可达 7 MPa,液压传动平稳,动作灵敏,但对密封性要求高,不宜在高温或低温现场工作,需配备一套液压系统。

C. 气压驱动

气压驱动机器人结构简单、动作迅速、价格低廉,由于空气可压缩,因此工作速度稳定性差,气压一般为 0.7 MPa,因而抓取力小,只有几十牛到几百牛的力。

1.5　工业机器人的典型应用

工业机器人广泛应用于汽车、电子、电气、冶金等各行各业中,如表 1-1 所示。其主要优点有:提高劳动生产率、提高产品稳定性、通用性强等,如表 1-2 所示。

表 1-1　工业机器人应用领域

行业	具体应用
汽车及其零部件	弧焊;点焊;搬运;装配;冲压;喷涂;切割(激光、离子)等
电子、电气	搬运;洁净装配;自动传输;打磨;真空封装;检测;拾取等
化工、纺织	搬运;包装;码垛;称重;切割;检测;上下料等
机械基础件	工件搬运;装配;检测;焊接;铸件去毛刺;研磨;切割(激光、离子);包装;码垛;自动传送等
电力、核电	布线;高压检查;核反应堆检修、拆卸等
食品、饮料	包装;搬运;真空包装

（续表）

行业	具体应用
塑料、轮胎	上下料；去毛边
冶金、钢铁	钢、合金锭搬运；码垛；铸件去毛刺；浇口切割
家电、家具	装配；搬运；打磨；抛光；喷漆；玻璃制品切割、雕刻
海洋勘探	深水勘探；海底维修；建造
航空航天	空间站检修；飞行器修复；资料收集
军事	防爆；排雷；兵器搬运；放射性检测

表1-2　工业机器人应用优点

优　点	内　容
提高劳动生产率	机器人能高强度地、持久地在各种环境中从事重复的劳动，改善劳动条件，减少人工用量，提高设备的利用率
提高产品稳定性	机器人动作准确性、一致性高，可以降低制造中的废品率，降低工人误操作带来的残次零件风险等
实现柔性制造	机器人具有高度的柔性，可实现多品种、小批量的生产
较强的通用性	机器人具有广泛的通用性，比一般自动化设备有更广泛的使用范围
加快产品更新周期	机器人具有更强与可控的生产能力，可加快产品更新换代，提高企业竞争力

工业机器人在各行业中的典型作业有：搬运、装配、码垛、焊接、喷涂等。

1）搬运

搬运作业是指用一种设备握持工件，从一个加工位置移到另一个加工位置（图1-10）。搬运机器人可安装不同的末端执行器（如机械手爪、真空吸盘、电磁吸盘等）以完成各种不同形状和状态的工件搬运，可大大减轻人类繁重的体力劳动强度。

图1-10　工业机器人搬运作业

2）装配

装配机器人是柔性自动化装配系统的核心设备,由机器人操作机、控制器、末端执行器和传感系统组成(图1-11)。其中操作机的结构类型有水平关节型、直角坐标型、多关节型和圆柱坐标型等。

3）码垛

码垛机器人适用于化工、饮料、食品、啤酒、塑料等自动生产企业;对各种箱装、袋装、罐装、瓶装等形状的包装都适用

图1-11　工业机器人装配作业

(图1-12)。其动作核心仍是搬运,只是夹具和码放方式有区别。

（a）袋装-码垛机器人

（b）箱装-码垛机器人

图1-12　工业机器人码垛作业

4）焊接

焊接机器人一般分为点焊和弧焊,点焊机器人由机器人本体、计算机控制系统、示教盒和点焊焊接系统几部分组成(图1-13)。通常点焊机器人选用关节型工业机器人的基本设计。弧焊机器人由示教盒、控制盘、机器人本体及自动送丝装置、焊接电源等部分组成,可以在计算机的控制下实现连续轨迹控制和点位控制,还可以利用直线插补和圆弧插补功能焊接由直线及圆弧所组成的空间焊缝。

（a）点焊机器人

（b）弧焊机器人

图1-13　工业机器人焊接作业

5）喷涂

喷涂机器人是可进行自动喷漆或喷涂其他涂料的工业机器人（图1-14）。喷涂机器人广泛用于汽车、仪表、电器、搪瓷等工艺生产部门。喷漆机器人能在恶劣环境下连续工作，并具有工作灵活、精度高等特点。

图1-14　工业机器人喷涂作业

6）其他典型作业

此外，机器人的典型作业还有研磨抛光、清洁、水切割、净化、真空等（图1-15）。

（a）机器人打磨　　　　　　　　　　　（b）机器人抛光

图1-15　工业机器人其他典型作业

2. 安全规程与安全标识

2.1　安全总则

机器人不同于其他设备，由于其在生产过程中存在速度快、运动范围广、姿态变化复杂等特点，很可能会带来人身伤害或是设备事故，因此必须要特别注意安全事项，以免造成不必要的损失。

在进行安装、操作、调试、检修等作业前，请务必充分掌握机器人设备知识、安全信息及全部注意事项。

2.2　紧急停止按钮

紧急停止按钮是触发机器人紧急停止状态的唯一手段，也是紧急情况下保障操作人员和设备安全的最重要手段，在机器人示教器和电控柜上均设置有紧急停止按钮，如图1-16所示。

在机器人安装、示教、作业、运行时，操作人员必须确认紧急停止按钮无异常后，才可以进行机器人的使用。

紧急停止按钮的正常工作情况为：按下紧急停止按钮后可使设备进入紧急停止状态，复位紧急停止按钮后可解除紧急停止状态。

(a)　　　　　　　　　　　　(b)

图 1-16　机器人紧急停止按钮

2.3　操作人员安全规程

1）操作人员作业前须穿工作服和安全鞋，戴安全帽。

2）进入安全栅栏前，请确认所有的安全措施都已完备并且功能正常。

3）机器人生产区域有粉尘、油污等污物时，请务必先使机器人工作范围内及周边的环境保持清洁，以免造成人员跌倒或者在维护时污染机器人。

4）只有在切断电源后，操作人员方可进入机器人的动作范围内进行作业。

5）机器人在运行一段时间后，各零部件可能会升温很快，特别是电机及减速机。因此在机器人停止后，请勿立即触碰以上部位。

6）操作人员在作业时，应随时保持逃生意识，必须确保在紧急情况下，可以立即逃生。

7）给机器人接通电源时，请务必确认机器人的动作范围内无操作人员。

8）若检修、维修、保养等作业必须在通电状态下进行，此时，应该两人一组进行作业。一人保持可立即按下紧急停止按钮的姿势，另一人则在机器人的动作范围内，保持警惕并迅速进行作业。此外，应确认好撤退路径后再行作业。

9）当机器人处于运行状态时，决不能进入机器人运动范围，即使机器人看起来没有运动。

10）请确认机器人周围是否还有其他机器人，注意避让。

11）注意留意电控柜内的电力部件，即使处于已断电状态，器件内留存的能量仍具有危险性。

12）如果外围设备有压缩空气或水，维修前请先切断供应源并排除残余压力。

2.4　示教安全规程

1）示教前

A. 确认机器人或外围设备没有处于危险状态且没有出现异常情况。

B. 确认机器人运动范围，务必不要靠近机器人或进入机器人手臂下方，避免工件掉落危及人员生命安全。

C. 确认示教人员的安全通道，以便发生危险时可以安全撤离。

D. 确认（示教器、电控柜）紧急停止按钮的位置和状态。

2）示教中

A. 勿戴手套操作示教盒。

B. 在点动操作机器人时要采用较低的速度。

C. 示教工作应由两人完成，其中一人作为安全人员，监视整个示教工作，在将要发生危险时通过安全装置及时停止机器人；另一人作为示教人员，仔细谨慎地完成示教任务。两人必须时刻监视机器人有无异常运动、机器人及其周围有无碰撞、夹紧、挤压的危险。

D. 应先确认程序或步骤是否正确，再进行作业。错误地编辑程序和步骤，会导致事故发生。

E. 应时刻注意机器人的动作，不得背向机器人进行作业。即使机器人的动作反应缓慢，也会有导致事故发生的可能性。

3）示教后

A. 在运行确认示教轨迹无误前，应分析机器人的运动趋势，保证机器人运动范围内无人员和障碍物，确认没有可能与机器人碰撞或干扰运动的人员物体后，再运行示教轨迹。此时机器人的运动应保持低速运行，当确认无误后才可高速运行。

B. 示教结束后，必须把示教器的电缆盘好，挂在机器人控制柜上，示教器放置在控制柜的挂槽上，整理现场，关闭电源和气阀。

2.5 事故多发原因

绝大多数事故都是由于"一时疏忽""没有遵守规定的步骤"等人为的不安全行为而造成的。因此，操作人员在日常作业时必须将安全注意事项牢记于心，切不可大意。

 警告：

永远不要认为机器人没有运动就说明程序执行已经完成，因为这时机器人很有可能是在等待让它继续运动的输入信号，或是因为工作节拍需求而暂时停止了运动。操作人员可以通过示教器界面上的机器人运动状态确认机器人是否处于"运行"状态中。

2.6 安全标志

1）定义

根据国标《安全标志及其使用导则》中定义："安全标志是用以表达特定安全信息的标志，由图形符号、安全色、几何形状（边框）或文字构成。"安全标志组成如图1-17所示。

安全色为红、蓝、黄、绿四种颜色。几何形状有圆形、三角形、正方形和带斜杠的圆环。图形符号表示具体内容。

2）种类

常见的安全标志有以下四种：禁止标志、警告标志、指令标志、提示标志，如图2-18所示。

图 1-17　安全标志组成

图 1-18　常见安全标志种类

A. 禁止标志是不准或制止人们的某些行为。几何图形是带斜杠的圆环,其中圆环与斜杠相连部分用红色填充,圆形内的符号用黑色。禁止标志的背景采用白色。在工厂中常见的禁止标志有：禁止烟火、禁止通行、禁止触摸等。

B. 警告标志是警告人们可能会发生危险的标志。几何图形是黑色的正三角形,并采用了黑色符号和黄色背景。在工厂中最常见的警告标志是注意安全、当心触电、当心机械伤人等。

C. 指令标志是指强制人们必须做出某种动作或采取某种防范措施。指令标志由圆形边框、蓝色背景和白色图形构成。比如必须戴安全帽、必须穿防护衣、必须接地等。在工厂工作时,如果不按照指令标志进行动作或防范,会有很大概率出现安全事故。

D. 提示标志是一种几何图形为方形,背景采用绿色或红色,图形、符号及文字颜色是白色的标志。它的功能是向人们提供某种信息。一般以绿色为背景的提示标志有六个,例如安全通道、紧急出口等;一般以红色为背景的提示标志有七个,比如火警电话、灭火器等。

还可为四种标志加上文字辅助标志,文字辅助标志的基本形式是矩形边框,可以横写和竖写,如图 1-19 所示。

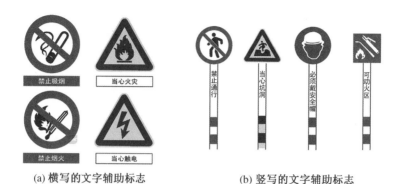

(a) 横写的文字辅助标志　　　　　　(b) 竖写的文字辅助标志

图 1-19　加文字辅助的安全标志

3. 机器人电控系统

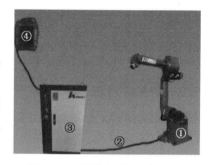

HSR-JR612 型机器人系统连接如图 1-20 所示,电控系统核心部件主要包括:HPC 控制器、伺服驱动器、I/O 模块、示教器、动力线缆和编码线缆等,其中,控制器、伺服驱动器、I/O 模块等安装在电控柜内。工业机器人的操作由电控系统和人机交互系统共同控制完成。

图 1-20　机器人系统连接图

3.1　电控柜

控制柜内主要安装有控制器、伺服驱动器、I/O 模块、隔离变压器、开关电源、断路器、接触器、继电器、接线端子、电源开关、急停开关、指示灯、散热风扇等,如图 2-21 所示。

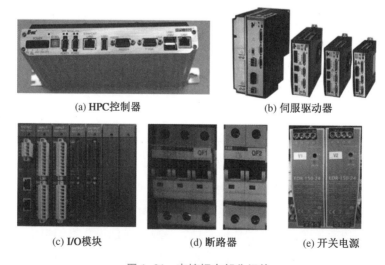

(a) HPC控制器　　　　　　　　　　　(b) 伺服驱动器

(c) I/O模块　　　　　　(d) 断路器　　　　　　(e) 开关电源

图 1-21　电控柜内部分组件

电控柜的面板上通常有电源开关、急停按钮、报警复位按钮、电源指示灯、伺服使能指示灯和报警指示灯，如图 1-22 所示。

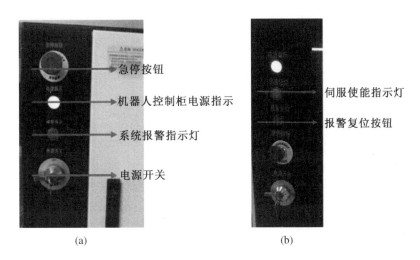

图 1-22　电控柜面板

3.2　示教器

1）示教器手持方法

华数Ⅱ型示教器有两种，其按键布局和功能基本一致。

示教器的手持方法：左手四指穿过腕带握住示教器一侧，机器人手动运行时轻按安全（使能）开关，右手握住另一侧，如图 1-23 所示。

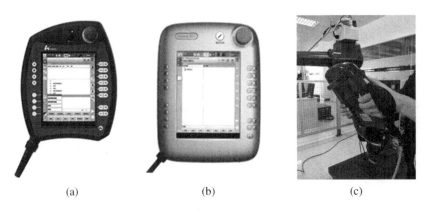

图 1-23　示教器及其手持方法

2）示教器按键功能

A. 示教器前部

示教器前部按键共分为 11 个区（图 1-24），其功能如表 1-3 所示。

B. 示教器背部

示教器背部有 6 个区（图 1-25），其功能如表 1-4 所示。

表 1-3 示教器前部按键功能

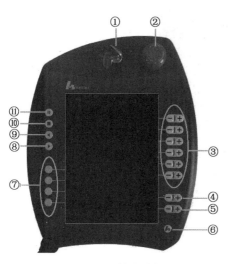

图 1-24 示教器前部

按键 序号	按键功能
①	用于连接控制器的钥匙开关。只有插入了钥匙后,状态才可以被转换。可以通过连接控制器切换运行模式
②	紧急停止按键,用于在危险情况下使机器人停机
③	点动运行键,用于手动移动机器人
④	用于设定程序调节量的按键,自动运行倍率调节
⑤	用于设定手动调节量的按键,手动运行倍率调节
⑥	菜单按钮,可进行菜单和文件导航器之间的切换
⑦	辅助按键
⑧	开始运行键,在加载程序成功时,点击该按键后开始运行
⑨	预留
⑩	停止键,可停止正运行中的程序
⑪	暂停按钮,运行程序时,暂停运行

表 1-4 示教器背部按键功能

图 1-25 示教器背部

按键 序号	按键功能
①	调试接口
②	三段式安全开关 ● 安全开关有 3 个位置: ① 未按下 ② 中间位置 ③ 完全按下 ● 在运行方式手动 T1 或手动 T2 中,确认开关必须保持在中间位置,方可使机器人运动 ● 在采用自动运行模式时,安全开关不起作用
③	HSpad 标签型号粘贴处
④	散热口
⑤	优盘 USB 插口 ● USB 接口被用于存档/还原等操作
⑥	HSpad 触摸屏手写笔插槽

任务分析

机器人安全开机主要是指接通机器人电源,使之达到工作准备状态。在开机之前,操作人员一定要先学习机器人安全知识,了解机器人结构,通常机器人末端执行器的动作由气压驱动,因此,开机时,还需将气路接通。

机器人安全关机主要是指作业结束后,断开机器人电源,使之恢复开机前状态,再对现场工作区进行清理。

任务实施

1. 操作前准备

机器人在开机之前,应先进行安全检查,主要内容有:

1) 检查确认线槽导线无破损外露;

2) 检查确认机器人本体、外部轴上无杂物、工具等;

3) 检查确认控制柜上不摆放物品,尤其是装有液体的物品;

4) 检查确认无漏气、漏水、漏电现象;

5) 检查确认安全装置,如紧急停止按钮等是否能正常工作。

2. 安全开机

在安全检查无异常后,可进行安全开机操作:

1) 接通电源

确认系统供电正常,先将钥匙插入控制柜面板上的电源开关,并顺时针旋转钥匙。再顺时针旋转开关手柄,指向 ON,电源指示灯亮,表示电源接通。

2) 等待机器人启动

电源接通后,示教器自动通电启动,等待界面显示初始化完成,网络连接图标变绿,则机器人启动完成,如图 1-26 所示,操作视频详见二维码 1-1。

操控机器人动作之前,还应将急停复位,报警信息清除,该操作演示详见二维码 1-2。

3. 安全关机

机器人作业完毕后,可进行安全关机,操作步骤如下,操作视频详见二维码 1-3:

1) 机器人复位,回到零点初始姿态

A. 打开示教器菜单,单击"显示→变量列表",选中保存零点的 JR 寄存器。

B. 单击"修改",左手四指轻按示教器背部三段式安全开关,伺服使能开,点击"MOVE 到点"命令图标,如图 1-27 所示,等待机器人运动到目标点,松开四指,关闭使能。

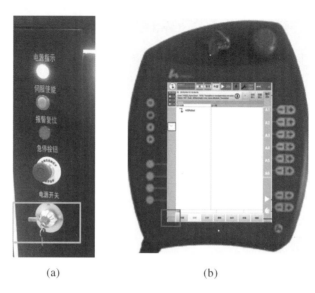

(a)　　　　　　　　　(b)

图 1-26　机器人安全开机

2）按下示教器和电控柜上的紧急停止按钮

3）关闭电源

电控柜断电操作与开机相反，不再赘述。

4）整理工作区

把示教器的电缆盘好，挂在机器人控制柜上，示教器放置在控制柜的挂槽上，将工具、工件等归位，整理现场。

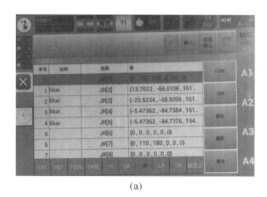

(a)　　　　　　　　(b)　　　　　　(c)

图 1-27　机器人回零操作

任务考核

机器人安全开关机任务考核评价见表1-5。

表1-5 机器人安全开关机任务考核评价表

综合素养（45分）

序号	评估内容	标准	自评	互评	师评
1	出勤 （5分）	迟到、早退 5分钟内扣2分 10分钟内扣3分 15分钟内扣5分			
2	课堂参与度 （10分）	9～10分：认真听讲，做笔记，积极思考，主动回答问题 6～8分：较认真听讲，做笔记，被动回答问题 0～5分：学生上课有玩手机、交头接耳、走神等现象			
3	安全规范操作 （20分）	机器人碰撞，一次扣5分 安全检查，缺一次扣2分 安全关机不到位，一次扣2分 踩踏线缆、示教器随意放置、运行中进入工作空间等安全隐患，一次扣1分			
4	团队协作、沟通交流 （10分）	9～10分：分工明确，沟通交流顺畅，组内传帮带 6～8分：被动分工，偶有交流 0～5分：分工不明，独善其身 组外传帮带、课外助教，加3分			

理论知识（15分）

序号	评估内容	标准	自评	互评	师评
1	描述机器人安规要点 （5分）	根据完整度和准确度给分			
2	讲解机器人开关机步骤 （5分）	根据完整度和准确度给分			
3	描述机器人组成、分类、 典型作业（5分）	根据完整度和准确度给分			

技能操作（40分）

序号	评估内容	标准	自评	互评	师评
1	安全检查（10分）	根据操作完整度和准确度给分			
2	机器人开机（10分）	根据操作完整度和准确度给分			
3	机器人关机（10分）	根据操作完整度和准确度给分			
4	整理现场（10分）	根据操作完整度和准确度给分			
综合评价					

任务二 机器人运动前准备

本任务要求学生使用 HSR-JR6-C2 型机器人，完成机器人运动前的校准、软限位设置、运行方式选择、速率和增量模式设置等准备工作。

知识链接

工业机器人投入运行前，为了保证安全，需要对各个关节轴进行软限位设置；为了保证笛卡儿坐标移动的精度，一般需要对机器人的各个关节轴进行校准；为了更方便精准地操控机器人，需要对运行方式、速度倍率、增量模式等参数进行设置，这些操作均在示教器操作界面上完成。

1. 示教器操作界面

HSpad II 型系统的界面主要采用命令图标的形式供操作者点选。示教器本身无电源开机键，其开机与控制器同步，控制柜上电后，需等待控制器和示教器网络连接成功，图标变绿，方可控制机器人运动。示教器操作界面如图 1-28 所示，共有 10 类图标，每点击一个图标会弹出对应设置窗口。

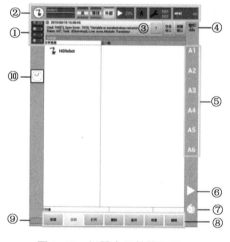

图 1-28 机器人示教器界面

1.1 信息提示计数器

①区为信息提示计数器，提示每种信息类型各有多少条等待处理，共有四种：红色为错误信息、黄色为报警信息、蓝色为提示信息、绿色为等待信息。触摸点击信息提示计数器可放大显示，常与③区信息窗口组合操作查看。

1.2 信息窗口

③区为信息窗口。当前只显示最后一个信息提示。触摸信息窗口可显示所有待处理的信息列表。? 按键可显示当前信息的详细内容。信息确认键和报警确认键可以确认所有信息，将①区计数器清零。

1.3 状态栏

②区为 HSpad 状态栏，显示工业机器人设置的状态，多数情况下通过点击图标会打开

一个窗口,在窗口中可更改设置(图1-29),状态栏各图标含义如表1-6所示。

图1-29 机器人状态栏

1.4 坐标系状态

④区为坐标系状态。触摸该图标就可以显示所有坐标系,并进行选择,共有四种:轴坐标系、世界坐标系、基坐标系和工具坐标系,如图1-30显示,其具体含义和区别将在下一个任务中学习。选择不同坐标系时,⑤区显示不同内容。

表1-6 状态栏图标含义

标签项	说明
1	菜单键。 功能同菜单按键功能
2	机器人名。 显示当前机器人的名称
3	加载程序名称。 在加载程序之后,会显示当前加载的程序名
4	使能状态。 绿色并且显示"开",表示当前使能打开 红色并且显示"关",表示当前使能关闭 点击可打开使能设置窗口,在自动模式下点击开/关可设置使能开关状态。窗口中可显示安全开关的按下状态
5	程序运行状态。 自动运行时,显示当前程序的运行状态
6	模式状态显示。 模式可以通过钥匙开关设置,模式可设置为手动模式、自动模式、外部模式
7	倍率修调显示。 切换模式时会显示当前模式的倍率修调值 触摸会打开设置窗口,可通过加/减键以1%的单位进行加减设置,也可通过滑块左右拖动设置
8	程序运行方式状态。 在自动运行模式下只能是连续运行,手动T1和T2模式下可设置为单步/连续运行 触摸会打开设置窗口,在手动T1和T2模式下可点击连续/单步按钮进行运行方式切换
9	激活基坐标/工具显示。 触摸会打开窗口,点击工具和基坐标选择相应的工具和基坐标进行设置
10	增量模式显示。 在手动T1或者T2模式下触摸可打开窗口,点击相应的选项设置增量模式

1.5 点动运行指示

⑤区为点动运行指示。内容与④区的坐标系有关。如果选择了轴坐标系,这里将显示

轴号($A1$、$A2$、…、$A6$);如果选择了其他三种笛卡儿式坐标系,这里将显示坐标系的方向(X、Y、Z、A、B、C),如图 1-30 所示。触摸图标会显示运动系统组选择窗口。若有外部轴,则会显示对应的名称。再与示教器外壳上的＋/－按键配合,则可控制机器人运动,操作演示视频见二维码 1-4 至 1-7。

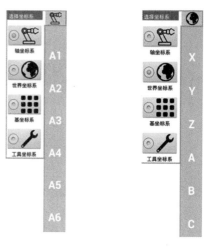

1.6　自动倍率修调

⑥区为自动倍率修调图标,与示教器外壳上的＋/－按键配合,可进行机器人自动运行倍率增减,该功能操作也可在状态栏中设置。

1.7　手动倍率修调

图 1-30　当前坐标系状态切换

⑦区为手动倍率修调图标,与示教器外壳上的＋/－按键配合,可进行机器人手动运行倍率增减,该功能操作也可在状态栏中设置。

1.8　程序文件操作菜单栏

⑧区为操作菜单栏,用于程序文件的相关操作,该内容在下一个任务中详细介绍。

1.9　网络状态

⑨区为网络状态。显示控制器和示教器的网络连接状态,共有三种:

红色为网络连接错误,需检查网络线路问题。

黄色为网络连接成功,但初始化控制器未完成,无法控制机器人运动。

绿色为网络初始化成功,HSpad 正常连接控制器,可控制机器人运动。

1.10　时钟

⑩区为时钟。点击可显示系统时间和当前系统的运行时间。

2.　用户组

2.1　操作方法

在主菜单中,打开"配置→用户组",将显示当前用户组,共有三种:Normal、Super、Debug。默认用户组为 Normal,若需切换为其他用户组,点击登录,选择用户组,输入密码(默认密码为 hspad)后,登录确认,如图 1-31 所示。

2.2　用户组权限

1) Normal,操作人员用户组,开机默认登录。

2) Super,超级权限用户组,该用户组拥有 HSpad 系统的所有功能使用权。

3) Debug,调试人员用户组,该用户组对 HSpad 系统的部

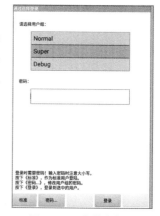

图 1-31　当前坐标系用户组切换

分调试功能有使用权。

3. 软限位设置

软件限位开关用作机器人安全防护,工业机器人在投入运行前,需要设定各关节轴的软件限位开关,设定后可保证机器人运行在设置范围内,该操作需登录 Super 用户组。

操作方法

点击菜单选项,依次点击"投入运行→软件限位开关",弹出"正负软限位开关"对话框,如图 1-32 所示。依次单击各轴,输入正负软限位值,选择开关切换为 ON,点击确定,所有轴设置完毕后,点保存,如果保存成功,提示栏会提示保存成功,重启控制器生效,保存失败提示保存失败,若机器人有外部轴,操作与内部轴类似。

图 1-32　软限位设置界面

图中各栏的含义如下:

轴:机器人轴;

负:机器人负软限位;

当前位置:机器人当前位置;

正:机器人正软限位;

使能:软限位使能开关,在 OFF 状态下软限位无效。

需注意:

1)在设置限位信息时,负限位的值必须小于正限位的值。

2)机器人投入运行前必须检查使能限位开关,并设置相应轴数据,否则可能会造成损失。

3)在轴校准时可把软限位使能关闭,轴数据校准后再启用使能开关,以便于轴校准。

4)在设置数据时需要注意,设置的软限位数据不能超过机械硬限位,否则可能会造成机器人损坏。

4. 轴校准

机器人轴校准又称为校零。只有在零点校准之后才可进行笛卡儿运动。机器人的机械位置和编码位置会在校准过程中协调一致。因此,必须将机器人置于一个已经定义的机械位置,即校准位置。

4.1 校准原因

当出现以下情况时,机器人必须进行校准:

1)当机器人首次投入运行时;

2)当机器人发生碰撞后;

3)机器人更换电机或者编码器时;

4)机器人运行过程中超硬限位后。

4.2 校准方法

1)切换 Super 用户组登录。

2)在手动模式下,选择轴坐标系,控制机器人各轴回到机械零点位置。机器人的外壳上有机械零点对齐刻度或凹槽,对齐即回零,如图 1-33 所示。

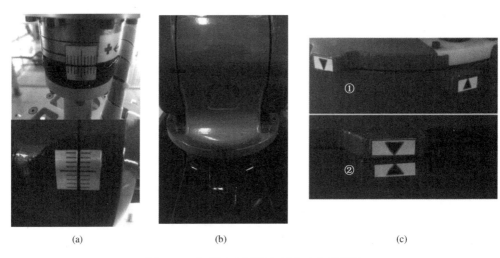

| (a) | (b) | (c) |

图 1-33 机器人机械零点刻度对齐示意图

3)设置校准数据

点击"菜单→投入运行→调整→校准",将机器人的初始位置数值修改为零点坐标值,如 HSR-JR612 和 JR605 的零点值为{0,-90,180,0,90,0}。点击确定,点击保存校准,系统重启后生效,如图 1-34 所示,零点校准完毕。内部轴校准操作演示详见二维码 1-8,若机器人有外部轴,校准方法类似,操作演示见二维码 1-9。

图 1-34 设置零点校准数值

任务分析

机器人示教编程调试基本流程如图 1-35 所示,本任务为机器人运行前准备,是指在安全开机之后,要手动操控机器人运动之前的一系列设置工作,一般包含软限位、零点校准、运行方式、速度倍率、增量模式等。

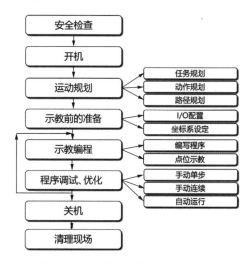

图 1-35　机器人示教编程调试流程

任务实施

1. 运行参数设置

1.1　运行方式选择

华数机器人有四种运行方式:手动 T1、手动 T2、自动模式、外部模式。其含义如表 1-7 所示。

表 1-7　四种运行方式的含义

运行方式	应用	速度
手动 T1	用于低速测试运行、编程和示教	编程示教:编程速度最高 125 mm/s 手动运行:手动运行速度最高 125 mm/s
手动 T2	用于高速测试运行、编程和示教	编程示教:编程速度最高 250 mm/s 手动运行:手动运行速度最高 250 mm/s
自动模式	用于不带外部控制系统的工业机器人	程序运行速度:程序设置的编程速度 手动运行:禁止手动运行
外部模式	用于带有外部控制系统(例如 PLC)的工业机器人	程序运行速度:程序设置的编程速度 手动运行:禁止手动运行

可通过示教器上钥匙开关切换,操作步骤为:

　　1）在 HSpad 上转动钥匙开关, HSpad 界面会显示选择运行方式的界面;

　　2）选择需要切换的运行方式,如图 1-36 所示;

　　3）将钥匙开关再次转回初始位置。

图 1-36　机器人运行方式切换

　　需注意:

　　当机器人控制器未加载任何程序且具备连接示教器钥匙开关的钥匙时, HSR-JR6 机器人可在上述运行方式之间切换。

　　在程序已加载或者运行期间,运行方式不可更改!

1.2　速度倍率设置

　　机器人手动操作时,速度倍率一般不超过 20%,可通过示教器外壳上的倍率修调+/-按键或任务栏上的倍率修调图标设置,如图 1-37 所示。

图 1-37　速度倍率设置

图 1-38　增量模式设置

1.3　增量模式设置

　　机器人手动运行时,默认增量模式为持续的,即用+/-运行键控制机器人移动时,若按键持续按下,则机器人是持续沿某一方向运动的。也可切换至固定增量式,即每按一次+/-运行键,机器人移动所定义的距离,如 10 mm 或 3°,到达后停止。

2. 校准

　　按照校准步骤操作即可:切换用户组→机械调零→设置校准数据→保存重启。

　　但有时由于校准数据错误导致机器人当前姿态超界,会出现在机械调零步骤中机器人无法移动现象,此时应先设置校准数据,保存校准重启后,再进行机械调零,再次保存校准重启生效。

　　这里的重启,是指软件系统,不需要机器人断电重启。系统重启步骤:"菜单→系统→重启系统",如图 1-39 所示。

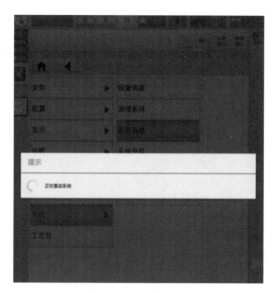

图 1-39　系统重启

3. 软限位设置

按照软限位步骤操作即可：切换用户组→输入各轴软限位数值→使能开关 ON→确认保存重启生效。

设置各轴软限位数值时应注意：负限位的值必须小于正限位的值、软限位数据不能超过机械硬限位。机械硬限位的数据应查询机器人用户说明书中的性能参数表，如表 1-8 所示。

表 1-8　机器人性能参数表

型号		HSR-JR612
动作类型		关节型
控制轴		6
放置方式		地装
最大动作范围	J1	$\pm160°$
	J2	$-165°/45°$
	J3	$45°/260°$
	J4	$=180°$
	J5	$=108°$
	J6	$=360°$
最大运动速度	J1	$148°/s$
	J2	$148°/s$
	J3	$148°/s$
	J4	$360°/s$
	J5	$225°/s$
	J6	$360°/s$
最大运动半径		1 555 mm

任务考核

机器人运动前准备任务考核评价见表 1-9。

表 1-9　机器人运动前准备任务考核评价表

综合素养（45 分）

序号	评估内容	标准	自评	互评	师评
1	出勤 （5 分）	迟到、早退 5 分钟内扣 2 分 10 分钟内扣 3 分 15 分钟内扣 5 分			
2	课堂参与度 （10 分）	9～10 分：认真听讲，做笔记，积极思考，主动回答问题 6～8 分：较认真听讲，做笔记，被动回答问题 0～5 分：学生上课有玩手机、交头接耳、走神等现象			
3	安全规范操作 （20 分）	机器人碰撞，一次扣 5 分 安全检查，缺一次扣 2 分 安全关机不到位，一次扣 2 分 踩踏线缆、示教器随意放置、运行中进入工作空间等安全隐患，一次扣 1 分			
4	团队协作、沟通交流 （10 分）	9～10 分：分工明确，沟通交流顺畅，组内传帮带 6～8 分：被动分工，偶有交流 0～5 分：分工不明，独善其身 组外传帮带、课外助教，加 3 分			

理论知识（15 分）

序号	评估内容	标准	自评	互评	师评
1	描述校准操作要点（5 分）	根据完整度和准确度给分			
2	描述软限位设置操作要点 （5 分）	根据完整度和准确度给分			
3	描述运行前参数设置内容 （5 分）	根据完整度和准确度给分			

技能操作（40 分）

序号	评估内容	标准	自评	互评	师评
1	机器人参数设置（10 分）	根据操作完整度和准确度给分			
2	机器人校准（10 分）	根据操作完整度和准确度给分			
3	机器人软限位设置（10 分）	根据操作完整度和准确度给分			
4	用户组切换（10 分）	根据操作完整度和准确度给分			
综合评价					

任务三 手动操控机器人运动

图1-40 机器人运动到目标点位

任务说明

本任务要求学生使用 HSR-JR6-C2 型机器人,手动操控机器人运动到空间中某一目标点位,如图 1-40 所示,并将该点保存至位置寄存器中。

知识链接

在机器人运动前准备工作完成后,即可手动操控机器人运动了,这里的运动是在所选的某坐标系下进行的。运动到目标点位并保存的操作,称为点位示教或示教点位。

1. HSR-JR6 机器人机械结构

多关节垂直串联型机器人,其关节沿垂直方向串联,数量为 5~7 个,1973 年由库卡(KUKA)公司研发。这种机械结构通用性好,通常只需更换末端执行器(手部)即可实现不同的作业,是目前工业应用中最常见的结构。

HSR-JR612-C2 机器人型号含义如图 1-41 所示,机器人机械本体结构如图 1-42 所示,由底座部分、大臂、小臂、手腕部件和本体管线包等部分组成,共有 6 个电机可以驱动 6 个关节的运动,从而实现不同的运动形式。

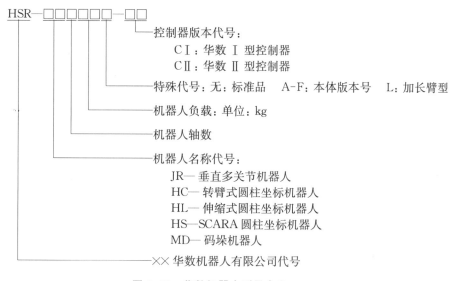

图1-41 华数机器人型号含义

J1、J2、J3 为定位关节,机器人手腕的位置主要由这 3 个关节决定,称为位置机构;J4、J5、J6 为定向关节,主要用于改变手腕姿态,称为姿态机构。

2. 坐标系简介

坐标系是在机器人或其他空间设置的位置指标系统,以确定机器人的位置和姿势。

2.1 坐标系种类

机器人的坐标系主要有两类:关节坐标系和直角坐标系,又可称为轴坐标系和笛卡儿坐标系。

1) 轴坐标系是机器人单个轴的运行坐标系,在此坐标系下可对机器人单个轴进

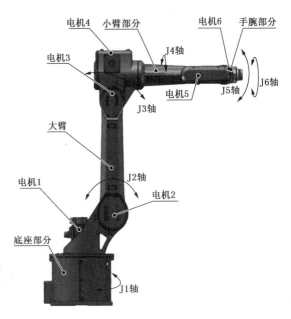

图 1-42　HSR-JR612-C2 机器人机械本体

行操作。机器人到达空间中某点的坐标值由机器人的 6 个关节位置角度组成{J1,J2,J3,J4,J5,J6},表示 6 个关节相对于关节零点旋转的角度。

2) 直角坐标系下机器人的运动是多轴联动的,描述空间内某点的坐标是{X,Y,Z,A,B,C}。X、Y、Z 表示直角坐标系下 TCP 点(Tool Center Point/ Tool Control Point,工具中心点/控制点)的位置,即相对坐标原点沿各轴平移的距离,单位为毫秒(ms)。A、B、C 表示 TCP 点的姿态,即以 TCP 点为中心,绕各轴旋转的角度。TCP 默认在机器人末端法兰盘中心。

2.2 华数Ⅱ型系统中各坐标系含义

在华数Ⅱ型控制系统中,共定义了四种坐标系:轴坐标系、世界坐标系、基坐标系和工具坐标系。其位置和方向如图 1-43 所示。后三种属于笛卡儿坐标系。

1) 轴坐标系是机器人单个轴的运行坐标系,在此坐标系下可对机器人单个轴进行操作。

2) 世界坐标系,即大地坐标系,是一个固定的笛卡儿坐标系,是机器人基坐标系的原点坐标系。默认配置中,世界坐标系与机器人默认坐标系是一致的。机器人默认坐标系是一个笛卡儿坐标系,固定位于机器人底部。它可以根据世界坐标系说明机器人的位置。

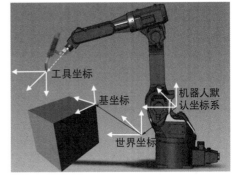

图 1-43　机器人坐标系示意图

3）基坐标系,在华数Ⅱ型系统中将基坐标系与工件坐标系统一,用于描述工件所在的位置,默认的基坐标系与世界坐标系、默认坐标系一致。实际应用中若出现多个工作区,可根据任务需求新建多个基坐标系。

4）工具坐标系用于描述安装在机器人末端工具的位姿等参数数据。默认的工具坐标系原点位于 TCP 点,实际应用中机器人末端安装工具后,可根据任务需求新建工具坐标系,将工具中心点下移至实际工具的工作点。

2.3　各类坐标系下运动示范

1）轴坐标系下,可通过示教器点动按钮控制机器人的 6 个轴分别正向或负向运动,在示教点位时,通常先用轴坐标调整机器人的姿态。运动演示视频见二维码 1-4。

2）世界坐标系下,机器人多轴联动,通过示教器点动按钮使机器人的 TCP 点分别沿世界坐标系的 $O-XYZ$ 轴方向平移或绕 $O-XYZ$ 轴旋转。在示教点位时,机器人的大致姿态确定后,通常使用世界坐标系调整 TCP 位置。运动演示视频见二维码 1-5。

3）基坐标系下,机器人多轴联动,通过示教器点动按钮使机器人的 TCP 点分别沿所选基坐标系的 $O-XYZ$ 轴方向平移或绕 $O-XYZ$ 轴旋转。默认的基坐标与世界坐标一致,当有多个工作区或工作区与世界坐标系不平行时,可新标定基坐标系。运动演示视频见二维码 1-6。

4）工具坐标系下,机器人多轴联动,通过示教器点动按钮使机器人的 TCP 点分别沿所选工具坐标系的 $O-XYZ$ 轴方向平移或绕 $O-XYZ$ 轴旋转。默认工具坐标系坐标原点在法兰盘中心点,Z 轴正方向垂直法兰朝外,当安装工具后,可新标定工具坐标系,将 TCP 点下移,则运动中心点下移。运动演示视频见二维码 1-7。

2.4　坐标系方向判别

1）轴坐标系方向

方向判定:J2、J3、J5 关节以“抬起/后仰”为负,“降下/前倾”为正;J1、J4、J6 关节满足“右手定则”:大拇指沿着轴线指向机器人末端,四指弯曲,指向的方向即为该轴运动正方向,如图 1-44 所示。

2）世界坐标系方向

方向判定:人体朝向与机器人同方向,采用右手法则:三指相互垂直,大拇指朝上指向 $Z+$,食指朝前指向 $X+$,中指朝左指向 $Y+$,如图 1-45 所示。

3）基坐标系方向

默认基坐标系与世界坐标系方向一致,如图 1-45 所示。也可重新标定基坐标系,改变其方向,此内容在后续项目中学习。

4）工具坐标系方向

默认工具坐标系的方向如图 1-45 所示,$Z+$ 垂直法兰盘朝外。也可重新标定工具坐标系,改变其方向,此内容在后续项目中学习。

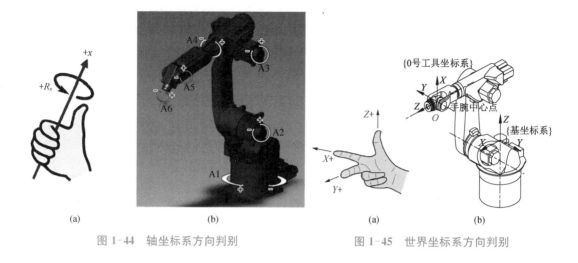

图 1-44　轴坐标系方向判别　　　　　图 1-45　世界坐标系方向判别

3. 点位示教

点位示教又称为示教取点，是指机器人运动到某点，并将该点坐标保存下来的操作。点位示教后，就可用运动指令使机器人快速到达该点。

3.1　操作步骤

1）手动控制机器人运动到目标点位；

2）记录保存该点坐标。

3.2　注意事项

1）注意避免第四轴旋转过多

在示教时，视线往往集中在末端工具 TCP 点，此时在世界坐标系下移动机器人就很容易出现第四轴旋转过多，以至于超出其软限位的情况。

2）在示教时避开或以关节运动通过奇异点

在标准六轴工业机器人运动学系统中，机器人有三个奇异姿态需要区别对待，它们分别是顶部奇异姿态、腕部奇异姿态、延伸奇异姿态。

A. 顶部奇异姿态：是指机器人腕关节中心点，即四、五、六轴轴线的交点位于一轴轴线上方时，机器人所处的姿态，如图 1-46（a）所示。

B. 腕部奇异姿态：是指当第四轴与第六轴平行，即第五轴关节值为零附近时的机器人姿态，如图 1-46（b）所示。

C. 延伸奇异姿态：是指机器人第二轴与第三轴延长线经过腕关节中心点时的机器人姿态，如图 1-46（c）所示。

机器人在奇异姿态进行直线圆弧运动时会报警停止或运动轨迹不受控，所以示教时应尽量避开奇异点，或以关节运动通过奇异点。很多机器人都会存在这种奇异点，这种情况与机器人的品牌无关，只和结构有关。

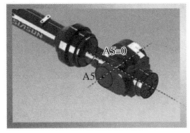
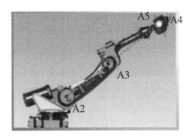

（a）顶部奇异姿态　　　　　（b）腕部奇异姿态　　　　　（c）延伸奇异姿态

图 1-46　奇异点姿态

3.3　保存点位坐标

华数Ⅱ型系统提供了 2 种位置寄存器 JR 和 LR 用来存储空间中某点位坐标值。

JR 为关节类型寄存器，将以{J1,J2,J3,J4,J5,J6}格式保存该点对应机器人各轴角度。

LR 为笛卡儿类型寄存器，将以{X,Y,Z,A,B,C}格式保存该点对应 TCP 位姿的坐标值。

需要注意的是：当机器人再次运动到笛卡儿类型的目标点时，只确保机器人 TCP 点位姿，不确保机器人 6 轴姿态均与示教时姿态一致。因此，若需要机器人每次以固定姿态到达目标点，则需将目标点保存为关节类型。

操作步骤：在示教器主界面打开"菜单→显示→变量列表"，选择 LR 或 JR 寄存器中任一个，点击修改、获取坐标，再点击确定、保存，示教完成，如图 1-47 所示，操作演示详见二维码 1-10。

图 1-47　保存点位坐标操作步骤

任务分析

根据任务要求，需将 HSR-JR612 机器人移动到目标点，并记录该点坐标，机器人初始位姿和目标点位姿如图 1-48 所示。基本操作应分为以下几步：

1. 运动参数设置

1）运动方式

2）速度倍率

3）增量模式

（a）　　　　　　　　　　　（b）

图 1-48　机器人初始位姿和目标点位姿

2. 手动操控机器人运动到目标点

1）轴坐标系下调整姿态（吸盘朝下）

2）世界坐标系下调整 TCP 位置（X、Y、Z 平移）

3. 记录目标点

任务实施

1. 运动参数设置

1.1　运行方式选择

转动示教器上的钥匙开关，在运行方式选择界面选择手动 T1，再将钥匙开关转回初始位置，如图 1-36 所示。

1.2　运行速度倍率设置

在示教器状态栏中将手动速度倍率调整为 10%，通常建议手动速度倍率不超过 20%，特别是初学者，如图 1-49 所示。

图 1-49　手动速度倍率和增量模式设置

1.3　增量模式设置

默认增量模式为持续，暂不修改。

2. 手动操控机器人运动到目标点

2.1　选择轴坐标系，调整工具姿态

1）先选择轴坐标，使用＋/－点控按键，依次旋转 6 轴、5 轴、2 轴或 3 轴，使机器人吸盘

竖直朝下,如图 1-50 所示。此过程中操作人员应从机器人前方、侧方仔细观察工具姿态。

(a)

(b)

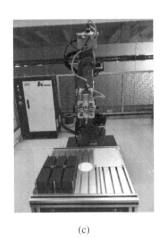
(c)

图 1-50 轴坐标系下调整姿态

2）再选择世界坐标,使用＋/－点控按键,控制 TCP 分别沿 $X+$、$Y-$、$Z-$ 运动到目标点,如图 1-51 所示。此过程需注意避开奇异点,且离目标点越近,速度应越慢,防止撞机。

(a)

(b)

(c)

图 1-51 世界坐标系下调整位置

3. 记录目标点坐标

机器人已到达目标点,可将当前位置记录保存至位置寄存器 JR 或 LR,打开"菜单→显示→变量列表",共有 1 000 个 JR 和 1 000 个 LR 寄存器供使用,选中某寄存器,点击"修改",在修改界面中点击"获取坐标",坐标值显示,保存完成,确定保存。如图 1-52 所示。

该任务实施操作演示详见二维码 1-2。

图 1-52 记录坐标

任务考核

手动操控机器人运动任务考核评价见表1-10。

表1-10 手动操控机器人运动任务考核评价表

综合素养(45分)

序号	评估内容	标准	自评	互评	师评
1	出勤 (5分)	迟到、早退 5分钟内扣2分 10分钟内扣3分 15分钟内扣5分			
2	课堂参与度 (10分)	9~10分:认真听讲,做笔记,积极思考,主动回答问题 6~8分:较认真听讲,做笔记,被动回答问题 0~5分:学生上课有玩手机、交头接耳、走神等现象			
3	安全规范操作 (20分)	机器人碰撞,一次扣5分 安全检查,缺一次扣2分 安全关机不到位,一次扣2分 踩踏线缆、示教器随意放置、运行中进入工作空间等安全隐患,一次扣1分			
4	团队协作、沟通交流 (10分)	9~10分:分工明确,沟通交流顺畅,组内传帮带 6~8分:被动分工,偶有交流 0~5分:分工不明,独善其身 组外传帮带、课外助教,加3分			

理论知识(15分)

序号	评估内容	标准	自评	互评	师评
1	描述机器人坐标系种类和含义(5分)	根据完整度和准确度给分			
2	描述坐标系方向判别方法(5分)	根据完整度和准确度给分			
3	描述点位示教操作步骤(5分)	根据完整度和准确度给分			

技能操作(40分)

序号	评估内容	标准	自评	互评	师评
1	坐标系切换及方向判别(10分)	根据操作熟练度和准确度给分			
2	操控机器人移动到点(20分)	根据操作熟练度和准确度给分			
3	保存点位坐标(10分)	根据操作熟练度和准确度给分			
综合评价					

项目小结

本项目使用 HSR-JR6-C2 型机器人,完成了手动操控机器人运动,并记录点位坐标的工作,使学习者熟悉机器人的坐标系和方向判别,掌握机器人点位示教方法,进一步掌握运动设置和机器人的安全操作,为后续任务的实施奠定基础。

项目拓展

1. 本项目中,由于目标点的位置坐标未知,因此我们手动操控机器人运动到点,再记录保存该点坐标值。若目标点的坐标值已知,则可直接在寄存器中手动输入。请借助在线课程资源,自主完成手动输入坐标,并在修改界面用 MOVE 命令使机器人运动到点。

2. 利用网络资源,收集工业机器人相关信息,了解机器人品牌和国内市场占比。

思考与练习

一、填空题

1. 工业机器人由 _____ 、_____和_____ 三个基本部分组成。

2. 工业机器人一般有四种坐标模式:_____、_____、_____和_____。

3. 工业机器人按机械结构可分为_____、_____、_____、_____等。

二、简答题

1. 简述 HSR-6 工业机器人的 HSpad 示教器的按键功能。

2. 简述使用 HSpad 示教器手动操控机器人运动的步骤。

3. 简述操作工业机器人时需要注意哪些安全事项。

项目二

工业机器人基础编程

 项目概述

程序是为了让机器人完成某种任务而设置的动作顺序描述,是指令和数据的集合。当机器人自动运行时,执行程序实质是根据已保存的数据和指令生成机器人运动轨迹。

本任务通过对程序文件的编辑、简单程序的编程与调试等操作,使学生掌握机器人程序文件的基本操作,了解机器人指令系统,熟悉程序编程调试步骤,为后续机器人典型作业功能的开发奠定基础。

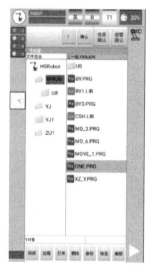 

 知识目标

1. 了解华数Ⅱ型指令系统。
2. 掌握程序文件常规操作方法。
3. 掌握 MOVE 和延时指令输入方法。
4. 掌握程序编写和手动单步调试方法。

 能力目标

1. 能对程序文件进行新建、编辑、备份等操作。

2. 能对默认主程序界面进行初步处理。

3. 能进行简单运动程序的编辑与调试。

素质目标

1. 培养团队协作的精神。

2. 具备程序原创、优化意识。

3. 初步培养安全生产、规范操作、严谨细致的工作作风。

数字化资源

2-1　简单运动程序
设计与手动调试

2-2　程序文件
新建

2-3　默认程序
初步编辑

2-4　复制、粘贴、删除
等基础操作

2-5　简单运动
程序设计

2-6　简单运动
程序优化

2-7　HSpad 虚拟示教
器安装方法

任务一 程序文件管理

任务说明

本任务要求使用华数机器人Ⅱ型系统,完成主程序文件的新建、打开、编辑、备份等常规操作,并进行默认程序的初步编辑,删除主程序中非必要的行。

知识链接

1. 导航器界面

华数机器人开机后,示教器同步启动,默认显示导航器界面,点击 HSRobot 图标,展开下一级目录,如图 2-1 所示,左侧为目录结构,阴影区域为选中对象,右侧为选中对象中的文件清单。

在每一级目录下,均可创建文件夹或程序文件,程序文件共两种格式:PRG 和 LIB。通常将 PRG 格式文件称为程序,LIB 格式文件称为子程序,主程序可以调用子程序。

界面最下方共有 7 个常用程序文件管理图标:新建、加载、打开、删除、备份、回复、编辑。

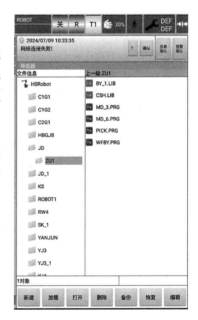

图 2-1 导航器界面

2. 程序文件管理

下面依次介绍程序文件管理的常规操作。

2.1 程序文件的新建

新建命令可以用于新建程序、子程序、文件夹。

其操作步骤相同:单击新建图标,只需选择不同的新建对象,输入对象名称,点击确定,如图 2-2 所示。

需注意:新建对象的命名不允许有中文、纯数字、j 或 a+纯数字,并且名字长度在 8 个字符以内。

2.2 程序文件的打开

选中文件,单击打开图标,如图 2-3 所示。文件夹的打开也直接点击左侧目录展开。

图 2-2　新建程序文件

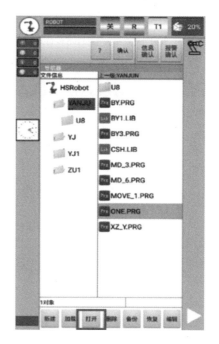

图 2-3　打开程序文件

新建的程序打开后,进入编辑器界面,已存在部分指令,如图 2-4 所示。

其中,由单引号开头的第 2、5、11 行为备注行,不参与程序执行,只做程序注释用。

第 10 行 WHILE 到第 15 行 END WHILE 之间为循环结构,表示反复执行程序段,此内容将在后续课程中学习。

其余指令为三组程序指令:

1) PROGRAM 和 END PROGRAM

表示程序段的开始和结束,系统需要依据这对关键词来识别这是一个主程序,而不是子程序等。

图 2-4　默认主程序界面

2) WITH ROBOT 和 END WITH

表示引用机器人开始和结束,ROBOT 为机器人名称。

3) ATTACH 和 DETACH

用于绑定组和解除组,默认组是 ROBOT 组,EXT_AXES 为外部轴,若机器人无外部轴,可删除对应指令。用户程序只有绑定了一个控制组/轴(单个轴、机器人组或者外部轴组)才能运行。

2.3　程序文件的加载

当程序指令编辑完毕,保存关闭,需运行调试时点加载,进入编辑器界面,程序中出现指针箭头指向即将执行的指令,界面下方显示文件路径和光标所在的行号,如图2-5所示。此时可开始运行程序。若程序有语法错误,则自动退出加载界面,信息栏出现对应提示信息,此内容见二维码2-1,在工业机器人搬运编程与调试项目中会再次学习。

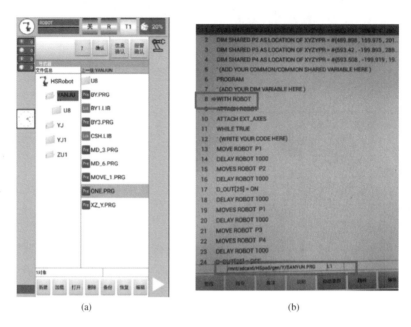

(a)   (b)

图2-5 加载程序

2.4 程序文件的删除

删除命令可删除文件夹和文件,需二次确认删除操作。

2.5 程序文件的备份与恢复

备份与恢复属于逆向操作,均需先在示教器的USB接口外接存储设备。

备份是指将选中的文件夹或文件拷贝到外部存储设备中,可多选,需要二次确认。恢复是将外部设备中的文件夹或文件拷贝到选中的文件夹中。备份和恢复均需确认文件路径,如图2-6所示。

2.6 程序文件的备份与恢复编辑

编辑图标下含7个命令:新建、复制、粘贴、删除、重命名、锁定、取消程序加载。前5个基本操作简单,不再重述。

1)锁定

锁定只能对文件操作,不能对文件夹操作,选中程序或子程序,点击锁定,二次确认后锁定成功。需解锁只需再次单击锁定命令。锁定后的文件打开或解锁时需要输入密码,如图2-7所示,默认密码为hspad。

更改解锁密码的方法:在主菜单中选择文件→锁定密码设置。再输入原来密码和新密码后点击确定按钮即可保存新密码。

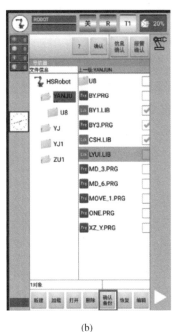

(a)　　　　　　　　　　　　　　(b)

图 2-6　程序的备份和恢复

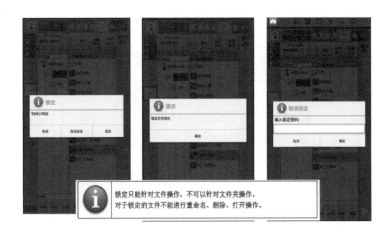

图 2-7　程序的锁定

2）取消程序加载

取消程序加载是指退出程序加载状态,退出后,程序可再次编辑修改。此命令是在导航器界面下操作,其效果等价于在编辑器界面下,按示教器外壳上的停止运行按钮,如图 2-8 所示。

3. 编辑器界面

当程序打开后,进入编辑器界面,下方有 7 个命令图标:更改、指令、备注、说明、停止运动、MOVE 到点、编辑,如图 2-9 所示。

前4个命令图标与编程指令相关，在后续任务中会详细介绍。

停止运动和MOVE到点是对机器人运动而言的，可在编程过程中选中某行指令，让机器人运动或停止运动。

编辑包含保存、复制、粘贴、删除、撤销、多选、粘贴属性、导航，如图2-10所示。

保存是指保存当前程序，在编程过程中要注意及时保存；

复制、粘贴、删除、粘贴属性是针对程序的指令；

多选表示可一次勾选多条程序指令；

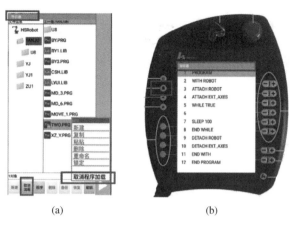

图2-8　取消程序加载

导航是指从当前编辑器界面切换至导航器界面，文件编辑器界面并未关闭，相当于最小化，还可从导航器界面切换回来，如图2-11所示。

图2-9　编辑器界面

图2-10　编辑命令界面

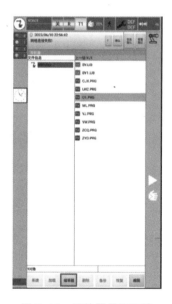

图2-11　导航器界面和编辑器界面切换

任务分析

本任务涉及程序文件的编辑主要有程序文件的新建、打开、编辑、备份等操作。可按编程逻辑进行，任务实施步骤分为：

1. 新建一个文件夹,其内新建一个主程序和一个子程序;

2. 分别打开新建的主程序和子程序,使用编辑命令,删除其中非必要的行;

3. 进行保存、复制、删除、锁定、重命名等常规操作;

4. 保存文件后,将其备份至 U 盘。

任务实施

1. 新建文件夹和程序

在 HSRobot 中新建一个 SF2023 文件夹,在文件夹中新建一个主程序 MOVE_1. PRG、一个子程序 ONE. LIB,如图 2-12 所示,操作演示视频见二维码 2-2。

2. 缩减默认程序

打开主程序,用多选和删除命令,删除备注行和循环程序段,用相同的操作,删除子程序中的非必要行,如图 2-13 所示,操作演示视频见二维码 2-3。

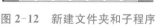

图 2-12　新建文件夹和子程序

(a) 默认程序编辑前

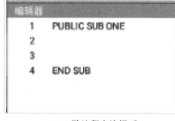

(b) 默认程序编辑后

图 2-13　默认程序初步编辑

3. 进行复制、删除、锁定、备份和恢复等操作

以上操作任务知识里有相关介绍,不再赘述,操作见二维码 2-4,注意:

1) 多次粘贴需要多次复制;

2) 需先删除文件夹内文件,才可删除文件夹;

3) 备份和恢复操作需要切换有权限的用户组登录。

任务考核

程序文件管理任务考核评价见表2-1。

表 2-1　程序文件管理任务考核评价表

综合素养(45分)

序号	评估内容	标准	自评	互评	师评
1	出勤 (5分)	迟到、早退 5分钟内扣2分 10分钟内扣3分 15分钟内扣5分			
2	课堂参与度 (10分)	9~10分：认真听讲,做笔记,积极思考,主动回答问题 6~8分：较认真听讲,做笔记,被动回答问题 0~5分：学生上课有玩手机、交头接耳、走神等现象			
3	安全规范操作 (20分)	机器人碰撞,一次扣5分 安全检查,缺一次扣2分 安全关机不到位,一次扣2分 踩踏线缆、示教器随意放置、运行中进入工作空间等安全隐患,一次扣1分			
4	团队协作、沟通交流 (10分)	9~10分：分工明确,沟通交流顺畅,组内传帮带 6~8分：被动分工,偶有交流 0~5分：分工不明,独善其身 组外传帮带、课外助教,加3分			

理论知识(15分)

序号	评估内容	标准	自评	互评	师评
1	描述程序文件类型和命名规则(5分)	根据完整度和准确度给分			
2	描述程序文件管理常规操作(5分)	根据完整度和准确度给分			
3	描述默认主程序中各行含义(5分)	根据完整度和准确度给分			

技能操作(40分)

序号	评估内容	标准	自评	互评	师评
1	程序文件的常规管理操作(20分)	根据操作熟练度和准确度给分			
2	默认程序的初步编辑(20分)	根据操作熟练度和准确度给分			
综合评价					

任务二　简单运动程序设计

任务说明

本任务要求使用 HSR-JR6-C2 型机器人,完成简单运动程序的设计,机器人运动轨迹为:零点→目标点→零点。

知识链接

指令系统

当我们建好了程序或子程序,就可以用指令来编写程序了。在程序编辑器的下方,点击指令按钮,可打开指令系统界面。

常用指令有 8 类,其中,基础指令有运动指令、I/O 指令、延时指令、条件指令;进阶指令有循环指令、流程指令、寄存器指令、手动指令,如图 2-14 所示。

本任务对常用指令的含义做简单介绍,其输入方法和详细应用在后续内容中学习。

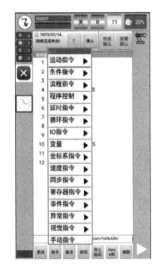

图 2-14　华数Ⅱ型指令系统

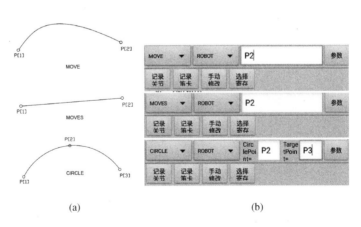

图 2-15　运动指令含义及指令输入界面

1.1　运动指令

运动指令有三个:MOVE、MOVES 、CIRCLE,如图 2-15 所示。

1) MOVE 为点到点运动,也称为关节运动,表示机器人从当前位置运动到目标点 P2,运动轨迹自动生成,不可控。

2）MOVES 为直线运动,表示机器人从当前位置直线运动到目标点 P2,运动轨迹为直线。

3）CIRCLE 为圆弧运动,表示机器人从当前位置开始画圆弧,经过中间点 P2 到达目标点 P3,速度参数可省略。

此处出现的 P 是局部位置变量,也可记录点位坐标。与寄存器的区别是:该变量记录的点位值只能在本程序中使用,不同程序中的同一变量名如 P1,表示不同的变量。

1.2 I/O 指令

I/O 指令共七个,可分为四类:

1）D_IN 和 D_OUT 用于对数字输入/输出端赋值;

2）AI 和 AO 用于对模拟输入/输出端赋值;

3）WAIT 和 WAITUNTIL 用于等待某 I/O 信号状态;

4）PULSE 用于产生脉冲。

1.3 延时指令

延时指令有两种:DELAY 和 SLEEP,如图 2-16 所示。

1）DELAY 用于运动中延时,比如运动到 P1 点,延时 1 s 再继续运动。

2）SLEEP 用于非运动中延时,通过用在循环中防止 CPU 过载,或者用于控制某端口输出脉冲信号。

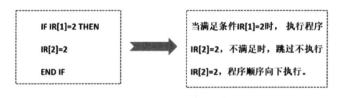

```
MOVE ROBOT P1          D_OUT[30] = ON

DELAY ROBOT 100        SLEEP 100

D_OUT[30] = ON         D_OUT[30] = OFF
```

图 2-16 延时指令示例

1.4 条件指令

条件指令有三个:IF、ELSE、END IF,用于选择结构。等价于 C 语言程序设计中的 IF 语句。

1）IF 表示选择开始。

2）END IF 表示条件结束,IF 和 END IF 必须联合使用,该程序段表示条件成立时执行某操作,如图 2-17 所示。

```
IF IR[1]=2 THEN

IR[2]=2

END IF
```
当满足条件IR[1]=2时, 执行程序 IR[2]=2, 不满足时, 跳过不执行 IR[2]=2, 程序顺序向下执行。

图 2-17 条件指令示例

3) 在 IF 和 END IF 中间可加入 ELSE,表示条件成立时执行某操作,条件不成立时执行另外的操作,ELSE 不可单独使用。

1.5　循环指令

循环指令有两个:WHILE 和 END WHILE,等价于 C 语言中的 WHILE 语句。

当某程序段需反复执行时,则用循环指令,WHILE 和 END WHILE 必须联合使用,中间插入循环条件和需要反复执行的循环体程序段,如图 2-18 所示。

若需要无休止地执行,则循环条件为 TRUE。

注意:循环中必须有 SLEEP 语句,防止 CPU 过载报错。

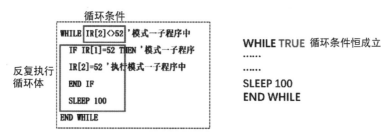

图 2-18　循环指令示例

1.6　流程指令

流程指令共有七个,如表 2-2 所示,前六个表示子程序的开始和结束,分为有返回值和无返回值两类,还可细分为程序内的子程序和程序外的子程序。CALL 用于调用子程序。

表 2-2　流程指令示例

指令	说明
SUB	写子程序,该子程序没有返回值,只能在本程序中调用
PUBLIC SUB	写子程序,该子程序没有返回值,能在程序以外的其他地方被调用
END SUB	写子程序结束
FUNCTION	写子程序,该子程序有返回值,只能在本程序中调用
PUBLIC FUNCTION	写子程序,该子程序有返回值,能在程序以外的其他地方被调用
END FUNCTION	写子程序结束
CALL	调用子程序

1.7　手动指令

手动指令用于复杂指令的直接输入,前面介绍的基础指令除了选择该指令设置对应参数生成指令外,均可手动输入。需要注意的是,手动输入时,空格作为分隔符不能省略,且符号必须使用英文。

1.8　坐标系指令

坐标系指令有两个:BASE、TOOL,可用于坐标系切换,当新标定了基坐标或工具坐标,则可用该指令输入坐标系编号,调用对应坐标系。如图 2-19 所示。

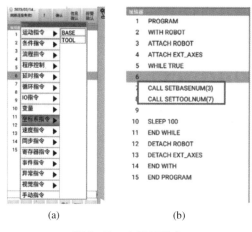

图 2-19 坐标系指令

机器人示教编程调试基本流程如图 2-20 所示,本任务为机器人简单运动的程序设计,假设机器人安全开机和运动参数设置均已完成,则任务实施内容为流程图中的运动规划、示教前的准备和示教编程。

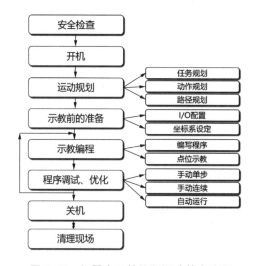

图 2-20 机器人示教编程调试基本流程

任务实施

1. 机器人运动规划

根据任务要求,机器人动作过程为从零点出发,运动到目标点,再回到零点。

假定机器人的目标点为工件的吸取位,如图 2-21 所示。由于工作区有工件,且目标点位的吸盘应紧贴工件表面,为确保安全,机器人不能从初始零点位姿直接运动到目标点,应新增一个目标点的正上方点,先运动到正上方,再直线下去到目标点位,返程类似。

修正机器人的运动轨迹为：零点→目标正上方点→目标点→目标正上方点→零点,运动简图如图 2-22 所示,列出位置变量表(表 2-3),此任务中示范用局部变量 P 记录点位坐标。

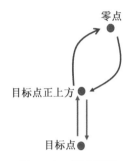

零点

目标点正上方

目标点

图 2-21 机器人目标点　　　　　图 2-22 运动简图

表 2-3 位置变量表

序号	变量	含义	坐标值
1	JR[1]	零点	$\{0, -90, 180, 0, 90, 0\}$
2	P1	目标点正上方	示教得到
3	P2	目标点	示教得到

2. 示教前准备

示教前准备工作一般有手动操作设置和 I/O 配置两步。

2.1 手动操作设置

手动操作设置是指设定好坐标模式和运动模式,如果坐标模式为工具坐标或工件坐标模式时,还需要选定相应的坐标系。若默认坐标系无法满足要求时,需新标定工具和工件坐标系。

在本任务中,零点位置手动输入,其他两点坐标均示教得到,因此,不需要新标定工具坐标系和工件坐标系。

2.2 I/O 配置

I/O 配置,根据本任务动作规划,只有机器人运动无末端执行器动作,因此无须使用 I/O 端口。

3. 示教编程

现场示教编程分为两部分：点位示教和示教编程,没有绝对先后顺序,也可以编程同时进行示教,根据个人习惯即可。

3.1　点位示教

机器人运动轨迹中的目标点位,其位置数据值的来源有三种:手动输入、示教和计算得到。点位示教是针对需示教得到其坐标的点位而言的,基本操作是在某坐标系下将机器人移动到目标位置,再记录保存下来的过程。

机器人轨迹中共经过 3 个点位:零点 JR[1]、目标正上方点 P1 和目标点 P2。

零点手动输入,HSR612 和 HSR605 零点坐标均为{0,−90,180,0,90,0},将其手动输入 JR[1]中保存确定。其他两点均需示教,见表 2-3。推荐点位示教顺序为:先示教目标点,再示教目标点正上方。

3.2　示教编程

1）界面准备

本任务功能简单,可只用一个主程序文件完成所有指令编写。

根据前面已学内容,新建搬运主程序,在编辑按钮中,用多选、删除命令将不需要的空白行、备注行和无限循环指令删除,然后保存。如图 2-23所示。

图 2-23　程序界面准备

2）程序初步设计

根据任务分析中机器人的运动规划,结合位置变量列表,依次将机器人的 5 个运动转化为5 条运动指令,完成程序初步设计。建议在部分关键指令后加文字说明以增强可读性,方便理解和调试查错,如图 2-24 所示,程序编辑视频详见二维码 2-5。程序设计完成后,可进行程序调试,示教器中程序的设计与调试详见二维码 2-1。程序调试方法在后续项目中会继续学习。

3）程序优化

为了提高程序调试时的安全性,特别是初学者,建议在准确到达的点位后加上延时指令,如图 2-25 所示,详见二维码 2-6。

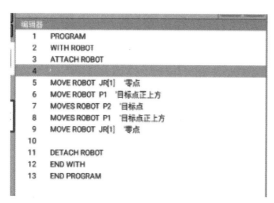

图 2-24　简单运动程序初步设计

图 2-25　简单运动程序优化

任务考核

机器人简单运动程序设计任务考核评价见表2-4。

表 2-4　机器人简单运动程序设计任务考核评价表

综合素养(45分)

序号	评估内容	标准	自评	互评	师评
1	出勤 (5分)	迟到、早退 5分钟内扣2分 10分钟内扣3分 15分钟内扣5分			
2	课堂参与度 (10分)	9~10分：认真听讲,做笔记,积极思考,主动回答问题 6~8分：较认真听讲,做笔记,被动回答问题 0~5分：学生上课有玩手机、交头接耳、走神等现象			
3	安全规范操作 (10分)	机器人碰撞,一次扣5分 安全检查,缺一次扣2分 安全关机不到位,一次扣2分 踩踏线缆、示教器随意放置、运行中进入工作空间等安全隐患,一次扣1分			
4	程序原创 (10分)	抄袭、复制、照搬程序,且无法讲解其含义,扣10分 抄袭程序,能部分讲解其含义,扣5分 有创新点,加2分 有创新点,能实现,加3分			
5	团队协作、沟通交流 (10分)	9~10分：分工明确,沟通交流顺畅,组内传帮带 6~8分：被动分工,偶有交流 0~5分：分工不明,独善其身 组外传帮带、课外助教,加3分			

理论知识(15分)

序号	评估内容	标准	自评	互评	师评
1	描述机器人动作过程(5分)	根据完整度和准确度给分			
2	讲解运动和延时指令功能(5分)	根据完整度和准确度给分			
3	描述程序设计步骤(5分)	根据完整度和准确度给分			

技能操作(40分)

序号	评估内容	标准	自评	互评	师评
1	绘制机器人运动简图(10分)	根据完整度和准确度给分			
2	列出位置变量表(10分)	根据完整度和准确度给分			
3	简单运动任务程序编写(20分)	根据完整度和准确度给分			

综合评价

项目小结

本项目使用 HSR-JR6-C2 型机器人,完成了机器人运动规划和示教编程操作,使学习者熟悉机器人指令系统和示教编程步骤,掌握机器人程序设计方法、运动和延时指令的输入,进一步掌握运动设置和机器人的安全操作,为后续任务的实施奠定基础。

项目拓展

在学习机器人的示教编程时,由于设备数量有限,我们需要使用虚拟示教器来提高示教器操作程序指令系统的熟练度。请同学们借助在线课程资源,下载安装 HSpad 虚拟示教器,自主学习,熟悉示教器菜单和指令系统,并在虚拟示教器中完成机器人运动任务的程序设计。软件安装包见在线开发课程网站资源,安装视频见二维码 2-7。

思考与练习

一、填空题

1. 机器人运动指令有三种,分别是 _____、_____ 和 _____。

2. 用于保存位置数据的局部变量为 _____,用于存放位置数据的寄存器为 _____,其编号区间从 _____ 到 _____。

3. 运动中的延时指令是 _____,其延时单位是 _____。

4. 默认主程序中单引号开头的指令表示 _____。

二、选择题

1. 在 MOVE ROBOT P1 指令中,其中 MOVE 的含义是(　　)。

A. 直线运行　　　　B. 圆弧运行　　　　C. 关节运动　　　　D. 坐标定位

2. SLEEP 100 指令的含义是(　　)。

A. 延时指令　　　　B. 停止指令　　　　C. 开始指令　　　　D. 循环指令

三、编程题

使用运动指令,编写机器人简单运动程序,机器人运动轨迹为矩形。

要求:① 绘制运动轨迹简图;

　　　② 列出位置变量表;

　　　③ 程序指令加说明。

项目三

工业机器人搬运编程与调试

 项目概述

搬运作业是指工业机器人通过手部机构握持工件，从一个加工位置移动到另一个加工位置的作业，是最常见的应用之一，在自动化生产线的前端上料、后端下料和仓储等场合较常见。搬运作业广泛应用于机床上下料、冲压机自动化生产线、自动装配流水线、集装箱的自动搬运等。搬运机器人有不同的结构，如龙门式、悬臂式、关节式等，其手部工具一般是夹爪或吸盘。

本项目通过对华数Ⅱ型6轴工业机器人搬运操作与编程的学习，使学生具备对机器人搬运作业的操作、编程、调试及优化维护的能力。

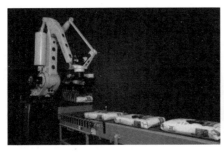 

 知识目标

1. 了解程序优化原则。
2. 熟悉程序设计结构。
3. 掌握搬运作业中常用的编程指令。
4. 熟悉程序调试方法。

 能力目标

1. 能进行搬运任务分析和运动规划。
2. 能运用基本指令完成搬运程序设计。
3. 能规范准确地完成点位示教。
4. 能进行程序的调试和自动运行。

素质目标

1. 培养团队协作的精神。
2. 具备程序原创、优化意识。
3. 培养安全生产、规范操作、严谨细致的工作作风。

数字化资源

3-1　简单搬运功能

3-2　搬运指令
　　　输入演示

3-3　手动单步调试

3-4　手动连续调试

3-5　自动运行调试

3-6　往返搬运

3-7　主程序文件内的
　　　子程序

3-8　主程序文件外的
　　　子程序

任务一　机器人简单搬运

任务说明

本任务要求学生使用 HSR605 机器人,通过示教编程与调试,实现工件单次搬运功能(A 点→B 点),如图 3-1 所示,功能演示详见二维码 3-1。

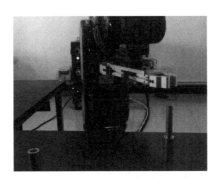

图 3-1　机器人简单搬运

知识链接

1. 搬运任务相关指令

在华数Ⅱ型系统中,在程序编辑器的下方,点击指令按钮,可打开指令系统界面,如图 3-2 所示,常用指令有 8 类,其中,基础指令有运动指令、IO 指令、延时指令、条件指令;进阶指令有循环指令、流程指令、寄存器指令、手动指令。可通过点选对应指令,进行相关设置,完成指令输入。搬运相关指令的输入演示详见二维码 3-2。

1.1　运动指令

运动指令有三个: MOVE、MOVES 、CIRCLE。

1) MOVE 为点到点运动,表示机器人从当前位置运动到目标点位,运动过程中不进行轨迹控制和姿态控制[图 3-3(a)]。

2) MOVES 为直线运动,表示机器人从当前位置运动到目标点位运动轨迹为直线[图 3-3(b)]。

图 3-2　华数Ⅱ型指令系统

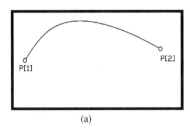
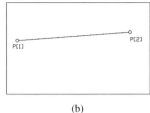
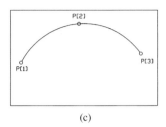

图 3-3　三种运动轨迹示意图

3）CIRCLE 为圆弧运动，表示机器人从当前位置开始画圆弧，经过中间点位到达目标点位，通常称为三点画一段圆弧[图 3-3(c)]。

点选三种运动指令后，可在对话框中设置对应参数，其含义如图 3-4、表 3-1 所示，其中④为运动指令参数设置，其含义如表 3-2 所示，也可不设置，用默认值。

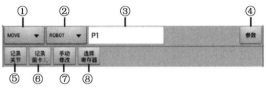

图 3-4　运动指令设置

表 3-1　运动指令设置对应参数的含义

编号	说明
①	选择指令，可选 MOVE、MOVES、CIRCLE 三种指令。当选择 CIRCLE 指令时，会话框会弹出两个点用于记录位置
②	选择组，可选择机器人组或者附加轴组
③	新记录的点的名称，光标位于此时可点击记录关节或记录笛卡儿赋值
④	参数设置，可在参数设置对话框中添加、删除点对应的属性，在编辑参数后，点击确认，将该参数对应到该点
⑤	为该新记录的点赋值为关节坐标值
⑥	为该新记录的点赋值为笛卡儿坐标
⑦	点击后可打开一个修改各个轴点位值的对话框，打开可进行单个轴的坐标值修改
⑧	可通过新建一个 JR 寄存器或者 LR 寄存器保存该新增加点的值，可在变量列表中查找到相关值，便于以后通过寄存器使用该点位值

表 3-2　运动指令参数设置表

名称	说明	备注
VCRUISE	速度（大于 0）	用于 MOVE
ACC	加速比（大于 0）	用于 MOVE
DEC	减速比（大于 0）	用于 MOVE
VLRAN	速度（大于 0）	用于 MOVES
ATRAN	加速比（大于 0）	用于 MOVES
DTRAN	减速比（大于 0）	用于 MOVES
ABS	1—绝对运动，0—相对运动	

1.2 延时指令

延时指令有两个：DELAY 和 SLEEP。

1）DELAY 是针对指定的运动对象在运动完成后的延时时间，单位为毫秒(ms)。

注意：在华数Ⅱ型控制系统中，运动指令(MOVE、MOVES、CIRCLE)和非运动指令(除运动指令之外的指令)是并行执行的，因此，若需确保先后执行顺序，应增加 DELAY 指令。

例1： MOVE   ROBOT   P2

DELAY ROBOT 100

D_OUT[25] = ON

2）SLEEP 是针对非运动指令的延时指令，单位为毫秒(ms)。一般使用在循环中，防止 CPU 过载或输出脉冲信号。

例2： WHILE   D_IN[30] <> ON

SLEEP 10

END WHILE

例3： D_OUT[30] = ON

SLEEP 100

D_OUT[30] = OFF

1.3 数字输入输出指令

数字输入指令(D_IN)，又称为读，其含义是读取外部设备(传感器)反馈回来的信号值。如：D_IN [25]= =OFF、D_IN [25]< >D_IN[10]。

数字输出指令(D_OUT)，又称为写，其含义是对输出端口赋值，从而控制外部设备动作。如：D_OUT [25]=ON、D_OUT [25]=D_IN[11]。

2. 位置数据存放方法

示教编程时，机器人运动轨迹中的某些位置数据需要保存下来，可用位置变量 P 或位置寄存器变量 JR/LR。

2.1 位置变量 P

局部变量只在该程序文件中有效，该值可示教得到。在示教过程中，位置数据被自动保存到程序文件中，此时的坐标系均为当前所选择的，当复制指令时，位置及相关信息也一同被复制。如：MOVE ROBOT P[1]。

2.2 位置寄存器 JR/LR

全局变量在所有程序文件均可使用，该值可通过示教、输入、计算得到，在菜单树窗口的"显示"下的"变量列表"中，可以对位置寄存器进行查看、设置与修改。如：MOVE ROBOT JR[1]、LR[1]= LR[1]+LR[2]。

JR以关节(轴)坐标类型存放位置数据,LR以笛卡儿(直角)坐标类型存放位置数据。

3. 示教编程工作流程

工业机器人功能开发的示教编程完整工作流程共有八步,如图3-5所示。其中安全检查、开机、关机、清理现场这四步在前面的项目中已学习,不再赘述。示教编程核心步骤为运动规划、示教前的准备、示教编程、程序调试和优化。

4. 程序调试步骤

示教编程完成后,进入程序调试阶段,程序调试分为三步:手动单步运行、手动连续运行、自动运行。前一步调试效果正确了,才可进入下一步。通常建议初学者从手动单步运行调试开始,若操作熟练、确保程序无误,也可从手动连续调试开始。

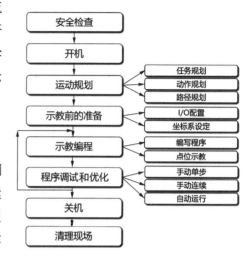

图3-5 示教编程工作流程

4.1 手动单步

操作步骤如下(图3-6),演示详见二维码3-3。

1)设置运行方式为手动、单步、速率低于20%,选择坐标系。

2)加载程序,若语法通过,未报错弹出,可继续。

3)双手持示教器,左手四指持续轻按三段式安全开关,使能状态显示为绿,大拇指放在程序调试按钮区,每按一次运行键,程序执行一行指令。

4)右手大拇指放在急停上,观察预判机器人运动轨迹,预判危险时按下。

5)所有指令执行完毕后,按停止键,手动单步调试结束。

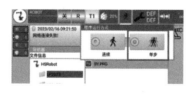
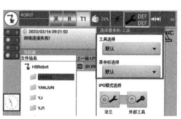

图3-6 程序手动单步调试设置

4.2　手动连续

手动连续调试步骤与手动单步类似,区别在于只需按一次运行键,程序从头至尾连续执行[图 3-7(a)]。操作前需将程序运行模式由单步改为连续[图 3-7(b)],演示详见二维码 3-4。

特别注意：连续运行模式下,运动与非运动指令并行执行。

(a)　　　　　　　　　　　　　　　(b)

图 3-7　程序手动连续调试设置

4.3　自动运行

操作步骤如图 3-8,演示详见二维码 3-5。

程序手动连续调试完成,机器人运动过程无误后,可进入自动运行。

1) 设置运行方式为自动,程序运行默认为连续,速率可提至 40%,不高于 75%。

2) 状态栏使能开关设为开,状态显示为绿。

3) 右手大拇指放在急停上,预判危险时按下。

4) 左手大拇指放在程序调试按钮区,按下运行键,程序自动连续运行。

5) 所有指令执行完毕后,按停止键,使能开关设为关、使能状态显示为红,自动运行结束。

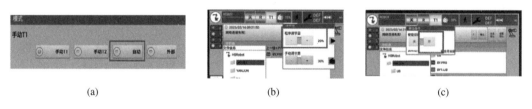

(a)　　　　　　　　　　　(b)　　　　　　　　　　　(c)

图 3-8　程序自动运行设置

任务分析

本任务要求使用 HSR605 机器人的夹爪,示教编程实现圆柱形工件的单次搬运功能。分解任务内容,需要完成以下步骤：

1. 确定单次搬运中机器人的运动轨迹;

2. 确认夹爪开合对应的 I/O 端口;

3. 拆解机器人单次搬运的运动过程并转化为程序指令;

4. 运行调试并进行功能优化。

任务实施

1. 搬运任务运动规划

根据视频中的搬运过程展示，我们发现，搬运可分解为拾取工件和放置工件两个过程（图 3-9）。

拾取工件过程可以拆解为机器人的 5 个动作：零点出发、运动到拾取点上方、运动到拾取点、夹爪夹紧和运动到拾取点上方。

放置工件的过程类似，也可以拆解为 5 个动作：运动到放置点正上方、运动到放置点、夹爪松开、运动到放置点正上方和回零点。

再根据机器人各动作，梳理运动路径中的目标点位。一次搬运任务共有 5 个运动目标点：零点、拾取点上方、拾取点、放置点上方和放置点。绘制机器人一次搬运的运动轨迹简图如图 3-10，并尝试列出位置变量表（表 3-3）。

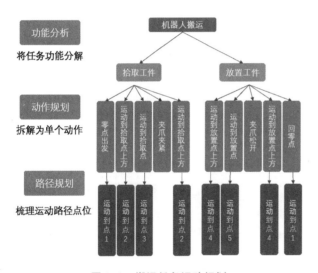

图 3-9 搬运任务运动规划

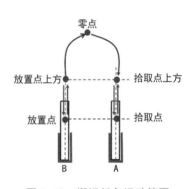

图 3-10 搬运任务运动简图

表 3-3 简单搬运位置变量表

序号	变量	含义	坐标值
1	JR[1]	零点	{0，−90，180，0，90，0}
2	JR[2]	拾取点上方	示教
3	JR[3]	拾取点	示教
4	JR[4]	放置点上方	示教
5	JR[5]	放置点	示教

2. 示教前准备

示教前准备工作一般有手动操作设置和 I/O 配置两步。

2.1　手动操作设置

手动操作设置是指设定好坐标模式和运动模式,如果坐标模式为工具坐标或工件坐标模式时,还需要选定相应的坐标系。若默认坐标系无法满足要求的,需新标定工具和工件坐标系。

在本任务中,零点位置手动输入,其他四点坐标均示教得到,因此,不需要新标定工具坐标系和工件坐标系。

2.2　I/O 配置

本任务使用 HSR605 机器人,通过夹爪来抓取工件。夹爪的打开与关闭需要通过 I/O 信号控制。通过计算和测试得到,D_OUT[25]为控制夹爪开合的数字输出端口,I/O 配置表如表 3-4 所示。

表 3-4　简单搬运任务 I/O 配置表

序号	I/O 地址	状态	符号说明	控制指令
1	D_OUT[25]	ON/OFF	夹爪的夹紧与松开	D_OUT[25]＝ON/OFF

3. 示教编程

现场示教编程分为两部分:点位示教和示教编程,没有绝对先后顺序,也可以编程同时进行示教,根据个人习惯即可。

3.1　点位示教

机器人运动轨迹中的目标点位,其位置数据值的来源有三种:手动输入、示教和计算得到。点位示教是针对需示教得到其坐标的点位而言的,基本操作是在某坐标系下将机器人移动到目标位置,再记录保存下来的过程。

本任务中,搬运轨迹中的 5 个目标点,除零点手动输入外,其他 4 点均需示教,见表 3-3。推荐点位示教顺序为:先示教拾取点,再示教拾取点上方,然后示教放置点,最后示教放置点上方。并且,为提高准确性,放置点示教时应带工件,如图 3-11 所示。

(a) 拾取点上方JR[2]　　(b) 拾取点JR[3]　　(c) 放置点上方JR[4]　　(d) 放置点JR[5]

图 3-11　搬运任务示教点位

3.2 示教编程

1）界面准备

本任务功能较简单，可只用一个主程序文件完成所有指令的编写。

根据前面学习内容，新建搬运主程序，在编辑按钮中，用多选、删除命令将不需要的空白行、备注行和无限循环指令删除，然后保存，如图 3-12 所示。

2）程序初步设计

根据搬运任务分析机器人的运动规划，结合位置变量列表，依次将机器人的 10 个动作转化为 10 条程序指令，完成程序初步设计。建议在部分关键指令后加文字说明增强可读性，方便理解和调试查错，如图 3-13 所示。

图 3-12 搬运任务主程序界面准备

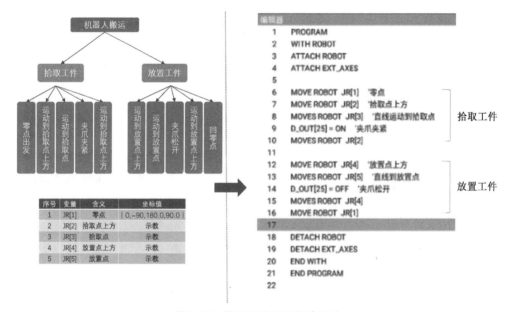

图 3-13 搬运任务程序初步设计

3）程序功能完善

在机器人运动过程中，还需要加上 DELAY 指令，使程序功能进一步完善。

在需要确保先后执行顺序的运动和非运动指令之间加 DELAY 指令。如：必须先到达拾取点后，夹爪才能夹紧；必须先到达放置点后，夹爪才能松开等。

其他动作后是否需要加 DELAY 根据任务需求而定，建议初次连续调试程序时，为了提高安全性，可在每个准确到达的目标点后加上延时指令。

如图 3-14 所示，DELAY ROBOT 500 处为必须加的延时，其他处加不加均可。

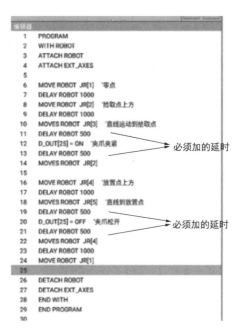

图 3-14　搬运任务程序完善中必须加的延时

4. 程序调试与优化

4.1　程序调试

示教编程完成后,可进入程序调试阶段,先手动单步调试,再手动连续调试,最后自动运行调试,详见二维码 3-3 至 3-5。

1)手动单步调试时,速率不高于 20%,机器人运动过程中可手动加减速,在此主要验证程序指令和点位的正确性。由于单步调试是人为控制程序执行的先后顺序,因此并行指令和延时长短效果在此阶段无法验证。

2)手动单步调试正确后,进入手动连续调试,主要验证机器人动作全过程的正确性、准确性和可完善性,如:DELAY 指令的增减、延时时长调整等。

3)手动连续调试完成后,进入自动运行,此时可适当提速,主要验证稳定性,自动运行时,不允许人员进入机器人工作空间。

4.2　程序优化

在程序调试时,时常会因发现问题,需要中途停止运行,修改程序后再次执行,而机器人的位姿和 I/O 端口都未复位,导致增加工作量。因此,为提高程序严谨性,应在程序开头加上机器人复位相关指令,使机器人回零、夹爪松开,如图 3-15 所示。

图 3-15　搬运任务程序优化

任务考核

机器人简单搬运任务考核评价见表 3-4。

表 3-4　机器人简单搬运任务考核评价表

综合素养（45 分）

序号	评估内容	标准	自评	互评	师评
1	出勤 （5 分）	迟到、早退 5 分钟内扣 2 分 10 分钟内扣 3 分 15 分钟内扣 5 分			
2	课堂参与度 （10 分）	9～10 分：认真听讲，做笔记，积极思考，主动回答问题 6～8 分：较认真听讲，做笔记，被动回答问题 0～5 分：学生上课有玩手机、交头接耳、走神等现象			
3	安全规范操作 （10 分）	机器人碰撞，一次扣 5 分 安全检查，缺一次扣 2 分 安全关机不到位，一次扣 2 分 踩踏线缆、示教器随意放置、运行中进入工作空间等安全隐患，一次扣 1 分			
4	程序原创 （10 分）	抄袭、复制、照搬程序，且无法讲解其含义，扣 10 分 照搬程序，能讲解其含义，扣 5 分 有创新点，加 2 分 有创新点，能实现，加 3 分			
5	团队协作、沟通交流 （10 分）	9～10 分：分工明确，沟通交流顺畅，组内传帮带 6～8 分：被动分工，偶有交流 0～5 分：分工不明，独善其身 组外传帮带、课外助教，加 3 分			

理论知识（15 分）

序号	评估内容	标准	自评	互评	师评
1	描述机器人动作过程（5 分）	根据完整度和准确度给分			
2	讲解搬运相关指令功能（5 分）	根据完整度和准确度给分			
3	描述程序调试步骤和操作要点（5 分）	根据完整度和准确度给分			

技能操作（40 分）

序号	评估内容	标准	自评	互评	师评
1	点位示教（10 分）	每个点 2.5 分			
2	搬运任务程序编写（20 分）	根据程序完整度给分			
3	搬运任务程序调试（10 分）	根据运行效果给分			
	综合评价				

任务二 机器人往返搬运

任务说明

本任务要求学生使用 HSR605 机器人,通过示教编程与调试,实现工件单次往返搬运功能(A 点→B 点→A 点),功能演示详见二维码 3-6,并从减少示教点和程序模块化设计方面进行优化。

知识链接

1. 点位示教优化

当需示教的点位较多或示教点位操作不熟练时,点位示教操作往往占用很长的时间。而指令的输入费时较少,因此,为了提高示教编程效率,空间里特殊位置关系的点不需要全部示教,可以只示教基准点,其他点位通过计算得到。

如图 3-16 所示,世界坐标系下,与 X、Y、Z 轴平行线上的点均可由偏移量计算得到。

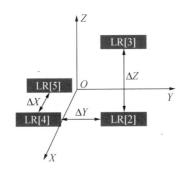

世界坐标系下空间内特殊位置的偏移关系

上下:LR[3]=LR[2]+$\triangle Z$
左右:LR[2]=LR[4]+$\triangle Y$
前后:LR[4]=LR[5]+$\triangle X$

图 3-16 空间中特殊位置关系

上下方位的两点 LR[2] 和 LR[3],即 Z 轴平行线上的点,只有 Z 轴偏移坐标值不同,若 LR[2] 的点位坐标由示教得到,则 LR[3] 可由 LR[2] 加上 Z 轴偏移增量计算得到。同理,左右位置的点位,可以通过 Y 轴加减偏移量的方法得到多个点位值;前后位置的点位,可以通过 X 轴加减偏移量的方法得到多个点位值。

若偏移量的方向与世界坐标系的三个轴方向不一致,则可通过新建基(工件)坐标系的方法,得到一个与偏移方向一致的笛卡儿坐标系,如图 3-17 所示。

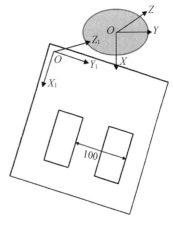

图 3-17 偏移方向与世界坐标系不平行

2. 模块化程序设计

程序模块化又称为程序结构化,其设计核心是将固定功能的语句从主程序中提出来,打包为一个子程序,需要时直接调用,从而使主程序结构简单清晰、便于理解和查错。

在华数Ⅱ型系统中,被调用的子程序有两种:

2.1 与主程序放在同一个 PRG 文件中,只能被该文件中的主程序调用

1)定义格式:

   SUB   xxx

……子程序功能语句……

END SUB

其中,SUB 和 END SUB 分别为子程序开始和结束指令,xxx 为自定义子程序名称。

2)调用子程序的方法:CALL   xxx

3)操作步骤:

A. 在主程序后添加子程序指令和相应功能语句;

B. 将主程序中对应功能语句用子程序调用指令替换。

例4:将任务一中的程序改为同一文件内的模块化设计。

操作方法:1)在原来程序最后一条指令 END PROGRAM 的下方添加子程序开始和结束指令,SUB BANYUN1 和 END SUB,其中 BANYUN1 为自定义子程序名称。

       2)将原来程序中的搬运指令打包下移至子程序中,原来程序中对应位置用子程序调用指令 CALL BANYUN1 替换,即可实现同一功能,如图 3-18 所示,操作演示详见二维码 3-7。

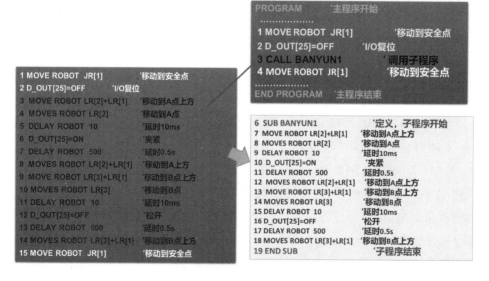

图 3-18 主程序文件内的子程序设计

2.2　主程序文件外的 LIB 子程序文件,该子程序能被所有主程序调用

1)定义格式:

PUBLIC SUB　xxx

……子程序功能语句……

END SUB

其中,PUBLIC SUB 和 END SUB 分别为子程序开始和结束指令,xxx 为自定义子程序名称。

2)调用子程序的方法:CALL　xxx

3)操作步骤:

A. 新建一个 LIB 子程序文件;

B. 在子程序中添加相应功能语句;

C. 将主程序中对应功能语句用子程序调用指令替换。

例5:将任务一中的程序改为不同文件的模块化设计。

操作方法:1)新建一个名称为 BANYUN1、格式为 LIB 的子程序文件,打开该子程序文件,自动生成 PUBLIC SUB BANYUN1 和 END SUB 指令。

2)将原来程序中的搬运指令打包移至子程序 BANYUN1. LIB 中,原来程序中对应位置用子程序调用指令 CALL BANYUN1 替换,即可实现同一功能,如图 3-19 所示,操作演示详见二维码 3-8。

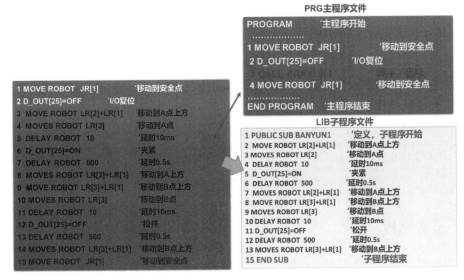

图 3-19　主程序文件外的子程序设计

任务分析

本任务要求使用 HSR605 机器人,示教编程实现工件的单次往返搬运功能。单次往返搬运即在任务一功能 A 点搬至 B 点的基础上,新增 B 点搬至 A 点功能。机器人运动过程中并无新增点位,两段搬运轨迹相反,动作相同。程序设计有两种方法:一是指令重复两次,变更点位;二是使用同一个子程序,调用两次,数据变更。本任务中使用第二种方法。

任务实施

1. 往返搬运任务运动规划

根据动作和路径规划可知,单次往返搬运可分解为两次轨迹相反的简单搬运。机器人的动作完全相同,运动路径取反,即:拾取点与放置点互换,拾取点上方与放置点上方互换。

再根据减少示教点的优化原则,只示教 A 点和 B 点,上方点由 Z 轴偏移量计算得到。往返搬运位置变量表见表 3-5,往返搬运点位示意图见图 3-20。

表 3-5　往返搬运位置变量表

变量/寄存器	含义
JR[1]	零点⟨0, −90, 180, 0, 90, 0⟩
LR[1]	上方点的高度增量♯⟨0, 0, 100, 0, 0, 0⟩
LR[2]	A 点,其坐标示教得到
LR[3]	B 点,其坐标示教得到
LR[2]+LR[1]	A 点上方 100
LR[3]+LR[1]	B 点上方 100

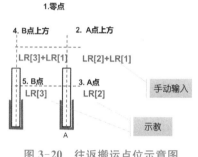

图 3-20　往返搬运点位示意图

2. 示教前准备

示教前准备工作一般有手动操作设置和 I/O 配置两步。

手动操作设置和 I/O 配置同任务一一样。往返搬运任务 I/O 配置见表 3-6。

表 3-6　往返搬运任务 I/O 配置表

序号	I/O 地址	状态	符号说明	控制指令
1	D_OUT[25]	ON/OFF	夹爪的夹紧与松开	D_OUT[25]=ON/OFF

3. 示教编程

现场示教编程分为两部分:点位示教和示教编程,没有绝对先后顺序,也可以编程的同时进行示教,根据个人习惯即可。

3.1　点位示教

在本任务中,往返搬运轨迹中的 5 个目标点,零点手动输入外,下方的拾取和放置点位由示教得到,如图 3-21 所示。上方点位由下方点加 Z 轴偏移量计算得到,见表 3-5。Z 轴增量的值在变量列表的 LR 寄存器中手动输入,如图 3-22 所示。

(a) A点LR[2]

(b) B点LR[3]

图 3-21 搬运任务示教点位(2)

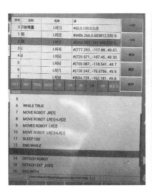

图 3-22 Z轴增量手动输入

3.2 示教编程

1) 子程序设计

新建两个子程序文件,初始化子程序 CSH. LIB 和单次搬运子程序 BY1. LIB。

初始化子程序实现机器人回零和端口初始化,参考程序如下:

```
PUBLIC SUB CSH              '定义,子程序开始
MOVE ROBOT   JR[1]         '回零点
D_OUT[25]=OFF              '夹爪松开
END SUB                    '子程序结束
```

单次搬运子程序实现机器人点到点的单次搬运,由于往返两次搬运的拾取点和放置点互换,即子程序中的拾取、放置点位为可变量,其值不固定,在调用前由主函数赋给。由此可实现调用统一子程序,实现不同点位的搬运。参考程序如下:

```
PUBLIC SUB BY1              '定义,子程序开始
MOVE ROBOT LR[10]+LR[1]    '运动到拾取点上方
MOVES ROBOT LR[10]         '直线运动到拾取点
DELAY ROBOT   10           '延时 10 ms
D_OUT[25]=ON              '夹紧
DELAY ROBOT   500          '延时 0.5 s
MOVES ROBOT LR[10]+LR[1]   '直线运动到拾取点上方
MOVE ROBOT LR[11]+LR[1]    '运动到放置点上方
MOVES ROBOT LR[11]         '直线运动到放置点
DELAY ROBOT   10           '延时 10 ms
D_OUT[25]=OFF             '松开
DELAY ROBOT   500          '延时 0.5 s
MOVES ROBOT LR[11]+LR[1]   '直线运动到 B 点上方
```

END SUB   '子程序结束

其中，LR[10]为子程序中的拾取点，LR[11]为子程序中的放置点，其值在调用前由主程序给定。

2）主程序设计

新建往返搬运主程序 WFBY. PRG,主程序核心功能为：初始化→A 点搬到 B 点→B 点搬到 A 点→回零。参考程序为：

```
PROGRAM                    '程序开始
WITH ROBOT                 '引用机器人
ATTACH ROBOT               '绑定机器人内部轴
CALL CSH                   '调用初始化子程序
LR[10]=LR[2]               'A 点坐标赋给子程序拾取点
LR[11]=LR[3]               'B 点坐标赋给子程序放置点
CALL BY1                   '调用搬运子程序,实现 A 点搬到 B 点
LR[10]=LR[3]               'B 点坐标赋给子程序拾取点
LR[11]=LR[2]               'A 点坐标赋给子程序放置点
CALL BY1                   '调用搬运子程序,实现 B 点搬到 A 点
MOVE ROBOT JR[1]           '回零
DETACH ROBOT               '解除绑定
END WITH                   '结束引用
END PROGRAM                '程序结束
```

在本任务程序中，LR[2]、LR[3]可理解为实际参数，LR[10]、LR[11]可理解为形式参数，当发生子程序(函数)调用时，实际参数的值传递给形式参数。

4. 程序调试与优化

4.1 程序调试

程序调试步骤与任务一相同,可通过手动单步、手动连续、自动运行三步进行,若子程序设计无误,也可直接从手动连续调试开始。

4.2 程序优化

优化一般根据实际需求,从运动周期、程序结构、操作便捷、逻辑严谨性等方面入手。本任务实现了一次往返搬运功能,并从减少示教点、结构化程序设计两方面进行了程序优化。但功能的实用性和严谨性方面还需进一步优化。比如：实际应用中一般为多次搬运或无休止搬运,只发出夹爪开合控制指令,工件是否取放正常并未检测,等等。这些内容会在后面的项目中进一步学习。

任务考核

机器人往返搬运任务考核评价见表3-7。

表3-7　机器人往返搬运任务考核评价表

综合素养(45分)

序号	评估内容	标准	自评	互评	师评
1	出勤 (5分)	迟到、早退 5分钟内扣2分 10分钟内扣3分 15分钟内扣5分			
2	课堂参与度 (10分)	9～10分:认真听讲,做笔记,积极思考,主动回答问题 6～8分:较认真听讲,做笔记,被动回答问题 0～5分:学生上课有玩手机、交头接耳、走神等现象			
3	安全规范操作 (10分)	机器人碰撞,一次扣5分 安全检查,缺一次扣2分 安全关机不到位,一次扣2分 踩踏线缆、示教器随意放置、运行中进入工作空间等安全隐患,一次扣1分			
4	程序原创 (10分)	抄袭、复制、照搬程序,且无法讲解其含义,扣10分 照搬程序,能讲解其含义,扣5分 有创新点,加2分 有创新点,能实现,加3分			
5	团队协作、沟通交流 (10分)	9～10分:分工明确,沟通交流顺畅,组内传帮带 6～8分:被动分工,偶有交流 0～5分:分工不明,独善其身 组外传帮带、课外助教,加3分			

理论知识(15分)

序号	评估内容	标准	自评	互评	师评
1	描述程序优化原则(5分)	根据完整度和准确度给分			
2	讲解子程序设计方法(5分)	根据完整度和准确度给分			
3	描述空间内特殊位置关系点(5分)	根据完整度和准确度给分			

技能操作(40分)

序号	评估内容	标准	自评	互评	师评
1	点位示教(10分)	根据数量和准确度给分			
2	搬运任务程序编写(20分)	根据正确性和完整度给分			
3	搬运任务程序调试(10分)	根据运行效果给分			
综合评价					

项目小结

本项目使用 HSR605 机器人,完成了机器人单次搬运和往返搬运的工作任务,主要介绍了示教编程工作流程、搬运基本指令、示教方法、程序设计步骤和优化原则,使学习者能进一步掌握机器人的基本操作和程序设计方法。并从实际应用出发,能从减少示教点和结构化设计方面优化程序。

项目拓展

本项目中的简单搬运和往返搬运动作均只执行了一次,在实际应用中,机器人在自动运行模式下,是多次或无限次执行某操作的。请借助线上学习资源,自主尝试编程实现多次重复的机器人搬运功能。

思考与练习

一、填空题

1. HSR605 的零点坐标是_____。

2. 完成搬运程序的示教编程要经过 4 个主要工作环节,包括_____、_____、_____和_____。

3. 延时指令的单位是_____。

4. 主程序文件的格式为:_____,子程序文件的格式为_____。

5. 在华数Ⅱ型系统中,运动指令有:_____、_____和_____三种。

6. 通常,非必要不使用_____运动指令,避免远距离直线运动求解无效,机器人无法到达。

二、编程题

用主程序文件内的子程序进行模块化程序设计,完成机器人往返搬运任务。

项目四

工业机器人码垛编程与调试

 项目概述

　　码垛机器人广泛应用于物流、食品、医药等领域,采用机器人码垛可以大大提高生产效率、节省劳动力成本、提高定位精度并降低搬运过程中的产品损坏率。

　　本项目的基本功能是利用 HSR612 机器人实现 A 区的六个物件搬运到 B 区分两层码垛存放,并模拟工业实际需求,通过改变码放方式、工作台位置等情况来提升项目难度。

　　通过本项目的学习,学生学会工具坐标系和工件坐标系的标定方法、目标点快速准确的示教技巧、子程序的调用和循环、选择、坐标系切换等指令的使用方法,最终能自主完成码垛任务。

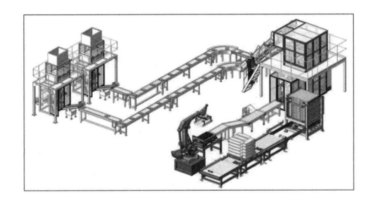

 知识目标

1. 了解码垛工艺要求。
2. 掌握华数Ⅱ型系统工具坐标系和工件坐标系(基坐标系)的标定方法。
3. 掌握子程序的编写和调试方法。
4. 熟练掌握目标点的示教方法。
5. 掌握华数Ⅱ型系统循环、流程控制、选择等指令的使用方法。

 能力目标

1. 能描述常见的码垛要求和方式。

2. 能合理规划机器人码垛运动轨迹。

3. 能合理选择示教点，并快速准确完成示教。

4. 能根据任务需求选择恰当的坐标系，并完成标定。

5. 能根据任务需求使用循环、选择等指令完成码垛的程序编写和调试。

素质目标

1. 培养团队协作的精神。

2. 具备程序原创、优化意识。

3. 养成安全生产、规范操作、严谨细致的工作作风。

数字化资源

4-1 六工件重叠式码垛基础版

4-2 循环指令输入

4-3 单分支选择条件语句输入

4-4 双分支选择条件指令输入

4-5 流程指令输入

4-6 寄存器指令输入

4-7 重叠式码垛提高版

4-8 工具坐标系验证

4-9 坐标系指令输入

4-10 纵横交错式码垛

4-11 正反交错式码垛

任务一　机器人六工件重叠式码垛

本任务要求学生使用 HSR612 机器人实现六工件重叠式码垛作业,将垛板上的六块物料按照两层重叠式码放到指定的托盘料仓上,如图 4-1 所示,功能演示详见二维码 4-1。

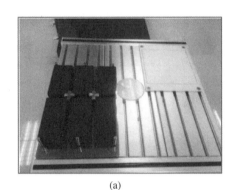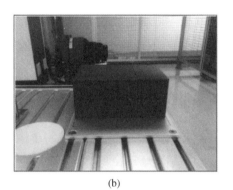

(a)　　　　　　　　　　　　　　(b)

图 4-1　六工件重叠式码垛示意图

知识链接

1. 码垛工艺简介

码垛机器人是用在工业生产过程中执行大批量工件和包装件的获取、搬运、码垛、拆垛等任务的一类工业机器人,是集机械、电子、信息、智能技术、计算机科学等学科于一体的高新机电产品。作为工业机器人的一员,码垛机器人的结构、形式与其他机器人类似,尤其是与搬运机器人在本体结构上并无太大区别。

由于码垛机器人在作业时需要码垛较大的物体,在实际生产中码垛机器人多为四轴结构且带有辅助连杆,辅助连杆可以增加力矩和起平衡的作用。码垛机器人通常安装在物流线的末端,如图 4-2 所示。

1.1　物品的码垛要求

码垛是指将物品整齐、规则地摆放成货垛的作业。它根据物品的性质、形状、重量等因素,结合仓库储存条件,将物品码放成一定的货垛。

在物品码放前要结合仓储条件做好准备工作,在分析物品的数量、包装、清洁程度、属性的基础上,遵循合理、牢固、定量、整齐、节约、方便等方面的基本要求,进行物品码放。

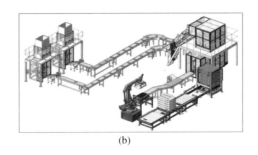

(a) (b)

图 4-2 码垛机器人工位布局

1）合理

要求根据不同货物的品种、性质、规格、批次、等级及不同客户对货物的不同要求，分开堆放。货垛形式应以货物的性质为准，这样有利于货物的保管，能充分利用仓容和空间。货垛间距要符合操作及防火安全的标准，大不压小，重不压轻，缓不压急，不围堵货物，特别是后进货物不堵先进货物，确保"先进先出"。

2）牢固

货垛稳定牢固，不偏不斜，必要时采用衬垫物料固定，一定不能损坏底层货物。货垛较高时，上部适当向内收小。易滚动的货物，使用木楔或三角木固定，必要时使用绳索、绳网对货垛进行绑扎固定。

3）定量

每一货垛的货物数量保持一致，采用固定的长度和宽度，且为整数，如50袋成行，货量以相同或固定比例逐层递减，能做到过目知数。每垛的数字标记清楚，货垛牌或料卡填写完整，能够一目了然。

4）整齐

货垛堆放整齐，垛形、垛高、垛距统一化和标准化，货垛上每件货物都尽量整齐码放，垛边横竖成列，垛不压线；货物外包装的标记和标志一律朝垛外。

5）节约

尽可能堆高以节约仓容，提高仓库利用率；妥善组织安排，做到一次到位，避免重复劳动，节约成本消耗；合理使用苫垫材料，避免浪费。

6）方便

选用的垛形、尺度、堆垛方法应方便堆垛、搬运装卸作业，提高作业效率；垛形方便理数、查验货物，方便通风、苫盖等保管作业。

1.2　托盘码垛

托盘是用于集装、堆放、搬运和运输的放置作为单元负荷的物品和制品的水平平台装置。在平台上集装一定数量的单件物品，并按要求捆扎加固，组成一个运输单位，便于运输过程中使用机械进行装卸、搬运和堆存。这种台面有供叉车从下部插入并将台板托起的插入口。以这种结构为基本的台板和在这种基本结构基础上形成的各种集装器具都统称为托盘。

1）托盘分类

按托盘的结构分类，常见的托盘有平托盘、箱形托盘和柱形托盘3种。

A. 平托盘。平托盘由双层板或单层板另加底脚支撑构成，无上层装置，在承载面和支撑面间夹以纵梁构成，可以集装物料，也可以使用叉车或搬运车等进行作业。

B. 箱形托盘。箱形托盘以平托盘为底，上面有箱形装置，四壁围有网眼板或普通板，顶部可以有盖或无盖，可用于存放形状不规则的物料。

C. 柱形托盘。柱形托盘是在平托盘基础上发展起来的，分为固定式（四角支柱与底盘固定联系在一起）和可拆装式两种。

2）托盘码垛方式

托盘码垛是指在托盘上装放同一形状的立体形包装物品，可以采取各种交错咬合的办法码垛，这样可以保证托盘具有足够的稳定性，甚至不需要再用其他方式加固。

托盘上货体码放方式有很多，主要有以下4种方式，如图4-3所示。

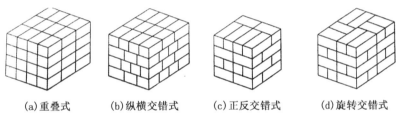

(a)重叠式　(b)纵横交错式　(c)正反交错式　(d)旋转交错式

图4-3　托盘码垛方式

A. 重叠式。重叠式各层码放方式相同，上下对应。这种方式的优点是工具操作速度快，各层重叠之后，包装物4个角和边重叠垂直，能承受较大的重量。这种方式的缺点是各层之间缺少咬合，稳定性差，容易发生塌垛。在货体底面积较大的情况下，采用这种方式能有足够的稳定性。一般情况下，重叠式码放再配以各种紧固方式，不但能保持稳定，而且装卸操作也比较省力。

B. 纵横交错式。相邻两层物品的摆放旋转90°呈横向放置，另一层呈纵向放置，有一定的咬合效果，但咬合强度不高。这种方式装盘也较简单，如果配以托盘转器，装完一层之后，利用转向器旋转90°，只用同一装盘方式便可实现纵横交错装盘，其劳动强度和重叠式相同。

C. 正反交错式。同一层中不同列的物品以90°垂直码放，相邻两层的物品码放形式是一层旋转180°的形式。这种方式类似于房屋建筑中砖的砌筑方式，不同层间咬合强度较高，相邻层之间不重缝，因而码放后稳定性很高，但操作比较麻烦，且包装体之间不是垂直面互相承受荷载，所以下部易被压坏。

D. 旋转交错式。第一层相邻的两个包装体都互为90°，两层间的码放又相互成180°。

这样相邻两层之间咬合交叉，其优点是托盘物品稳定性高，不易塌垛；其缺点是码难度较大，且中间形成空穴，会降低托盘载装能力。

2. 码垛任务相关指令

除在搬运任务中学习的运动、延时、I/O、流程指令外，在码垛任务中还需用到循环、条件、速度、寄存器指令等。相关指令的输入演示详见二维码 4-2 至 4-6。

2.1　循环指令

机器人作业时，经常需要重复执行相同或类似的操作，这就是程序设计中的循环结构。在华数Ⅱ型系统中，循环结构既可用循环指令实现，又可用条件指令加流程指令组合实现。这里介绍循环指令设计循环结构的方法，另一种方法在流程指令中介绍。

循环指令如图 4-4 所示，有 WHILE 和 END WHILE 两条，分别表示循环开始和循环结束，WHILE 后跟循环条件，表示循环条件程序时，该循环才执行。需要重复执行的语句放在 WHILE 和 END WHILE 之间。循环结构程序段如图 4-5 所示。

特别强调：为防止 CPU 过载，循环中需加入 SLEEP 休眠语句。

根据循环执行次数不同，一般可分为两种情况：

1）无限次循环

当新建主程序时，会默认生成，循环条件为 TRUE，恒为真，循环无休止地执行，如图 4-6 所示。

图 4-4　华数Ⅱ型系统中
循环指令

2）有限次循环

循环执行若干次后跳出，通常使用整型寄存器 IR 的取值来设置循环条件、控制循环次数，如：设置 IR[1] 起始值为 1，循环每执行一次加 1，循环条件设置为 IR[1]≤6，则该循环执行 6 次，如图 4-7 所示。

图 4-5　循环结构程序段　　　　图 4-6　无限次循环　　　　图 4-7　有限次循环
　　　　　　　　　　　　　　　　　　　结构程序段　　　　　　　　　结构程序段

2.2　条件指令

条件指令用于程序逻辑中的选择结构,根据条件成立与否,选择不同的指令执行。

在华数Ⅱ型系统中,条件指令有三条,IF、ELSE、END IF,如图 4-8 所示,共两种组合形式。第一种,无 ELSE,相当于 C 语言中的单分支选择,如图 4-9 例 1 所示,IR[1]=2 为选择条件,当 IR[1]等于 2 时,条件成立,执行程序段;当 IR[1]不等于 2 时,程序段不执行,选择结构结束,程序继续执行后续指令。第二种,有 ELSE,如图 4-9 例 2 所示,相当于 C 语言中的双分支选择,IR[1]=2 为选择条件,当 IR[1]等于 2 时,执行程序段 A,否则(当 IR[1]不等于 2 时),执行程序段 B。

例1: 无ELSE

IF IR[1]=2 THEN
程序段
END IF

例2: 有ELSE

IF IR[1]=2 THEN
　程序段A
ELSE
　程序段B
END IF

图 4-8　华数Ⅱ型系统中条件指令　　　图 4-9　选择结构程序段示例

2.3　流程指令

流程指令用于控制程序执行流程,共有 9 条指令,如图 4-10 所示。搬运项目模块化程序设计中已使用过子程序开始、结束和子程序调用指令。

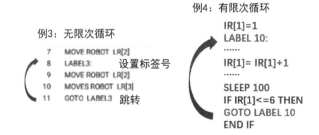

图 4-10　流程指令构建循环结构程序段

本项目中学习 GOTO 和 LABEL 指令。GOTO 为跳转指令,可控制程序从当前行跳到某一标签处执行。LABEL 为标签指令,可在程序某行加入标签号,作为跳转入口。

如图 4-10 例 3 所示,设置标签 LABEL 3,程序执行完第 10 行后,跳转到第 8 行执行。这就构成一个无限次循环。

还可将条件指令组合流程指令来构成有限次循环结构,如图 4-10 例 4 所示,控制循环执行 6 次。设置循环变量 IR[1] 初始值为 1,在需要反复执行的指令前加标签 LABEL 10,用条件指令 IF 来做跳转判断,IR[1] 每次加 1,若 IR[1]≤=6,则往回跳转再次执行,若条件不成立,程序往后执行。

2.4　寄存器指令

在搬运任务的点位示教中,我们将某位置数据记录保存到 JR 或 LR 变量中,这里的 JR 和 LR 就是寄存器,它是存储数据的变量。

华数Ⅱ型系统中,共有 9 种寄存器,在示教器的主界面点击"菜单→显示→变量列表"可点选查看,如图 4-11 所示,下方标签为各类型名称,点击可切换。右边的功能按钮有下翻100、上翻100、修改、刷新、保存功能,所有修改的操作必须点击保存后才能生效。

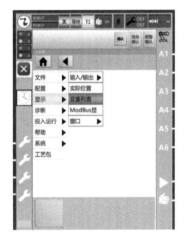

图 4-11　华数Ⅱ型系统中寄存器类型

1) EXT 寄存器:外部自动加载的变量,其值为程序名,表示外部模式时,自动加载该程序。可以通过修改按钮来改变对应的程序。

2) REF 寄存器:其值为点位坐标,表示当机器人运动到该坐标自动输出信号。通过修改按钮可以手动输入或者获取坐标的方式来得到点位数据。

3) TOOL 为工具坐标寄存器,BASE 为基坐标寄存器。分别存放新标定的工具坐标和基坐标数据,各 16 个。可通过修改按钮更改数值。

4) IR 和 DR 为数值寄存器,IR 用来存放整数,DR 用来存放小数,各 200 个。可通过修改按钮更改其数值。

5) JR 和 LR 为位置寄存器,JR 用来存放关节类型的点位坐标,LR 用来存放笛卡儿类型的点位坐标,各 1 000 个。通过修改按钮可以手动输入或者以获取坐标的方式来得到点位数据。

6) ER 为外部轴关节坐标寄存器,用于存放外部轴的位置数据,该数据为关节类型,共 200 个。通过修改按钮可以手动输入或者以获取坐标的方式来得到点位数据。

在编程时,常用寄存器指令进行寄存器的赋值、运算等。

如指令 IR[2]=IR[1]∗2、LR[10]=LR[10]+LR[100]等。

特别提醒: 类型相同的寄存器才可混合计算!

寄存器指令的输入较复杂,演示操作视频详见二维码 4-6。

任务分析

本任务要求使用 HSR612 机器人的双吸盘,示教编程实现六工件的码垛功能。六工件码垛可理解为单次搬运执行六次,每次搬运机器人的动作流程完全相同,不同之处是拾取和放置点位。若能找到拾取点/放置点之间的规律,则可用循环执行 6 次,每次调用同一个子程序,子程序中完成单次搬运和点位的计算,从而实现本任务。

任务实施

1. 码垛任务运动规划

根据视频中的码垛过程展示,我们发现六工件的码垛,其实质是六工件的搬运,而每块工件的搬运,机器人的动作是不变的,变化的只是拾取位和放置位的坐标。

因此,只要计算出六块工件的拾取位和放置位的坐标,将一次搬运操作执行六次,即可完成六工件的码垛,任务规划和动作规划简图如图 4-12、图 4-13 所示。

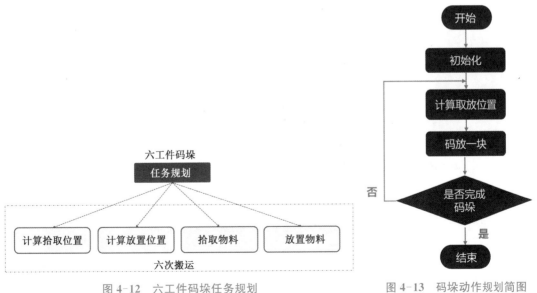

图 4-12　六工件码垛任务规划　　　　图 4-13　码垛动作规划简图

整体运动路径如图 4-14 所示：

机器人从零点位置开始，首先运动到过渡点，即机器人工具的拾取姿态准备点，再运动到第一块工件的拾取点正上方，然后直线运动到拾取位，拾取工件并直线运动回到拾取点上方，接着运动到第一块工件放置点正上方，最后直线运动到放置点，放置工件并直线运动回到放置点上方。

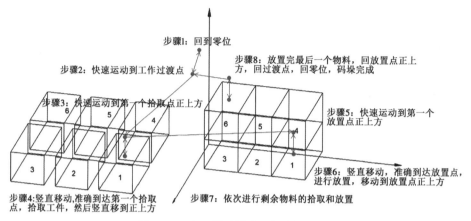

图 4-14　六工件重叠式码垛路径规划图

第一块工件码放完毕后，依次进行其余 5 块工件的拾取和放置，放置完最后一块工件后，回到过渡点，再回零点。整个六工件码垛结束。

机器人运动轨迹中共经过 26 个点位：1 个零点、1 个过渡点、6 个拾取点上方、6 个拾取点、6 个放置点上方、6 个放置点。若全部示教耗时太长，应找到其位置关系，尽量减少示教点个数。

通过工件、工位尺寸测量和工件位置可知：每块工件的拾取位左右方向沿 Y 轴偏移 64 mm，前后方向沿 X 轴偏移 122 mm，放置位左右方向沿 Y 轴偏移 54 mm，上下方向沿 Z 轴偏移 35 mm，如图 4-15 所示。

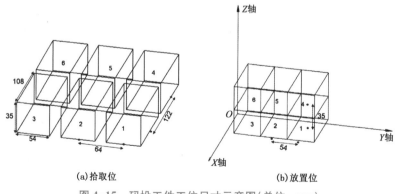

(a)拾取位　　　　　　　　　　(b)放置位

图 4-15　码垛工件工位尺寸示意图(单位：mm)

因此，六块工件共 12 个拾取点和放置点，只需示教第一块的拾取点和放置点，其余 10 个点位均可由偏移量计算。

同理,12 个拾取和放置位的上方点,也可由 Z 轴增量计算得到。

因此可列出六工件重叠式码垛的变量列表,如表 4-1 所示。所有需用偏移量计算的点位均用 LR 类型存放,零点和过渡点确保姿态,用 JR 类型存放。需示教的点位减少至三个:过渡点、第一块工件的拾取点和放置点,其余点位均在菜单→显示→变量列表的对应寄存器中手动输入。

表 4-1　六工件重叠式码垛位置变量表

序号	变量	含义	坐标值
1	JR[1]	零点	{0, −90, 180,0,90,0}
2	JR[2]	过渡点	示教
3	LR[1]	第一块工件拾取点	示教
4	LR[2]	第一块工件放置点	示教
5	LR[3]	上方点 Z 轴增量	#{0, 0, 100,0,0,0}
6	LR[4]	拾取点 Y 轴增量	#{0, 64, 0,0,0,0}
7	LR[5]	拾取点 X 轴增量	#{122, 0, 0,0,0,0}
8	LR[6]	放置点 Y 轴增量	#{0, 54, 0,0,0,0}
9	LR[7]	放置点 Z 轴增量	#{0, 0, 35,0,0,0}

2. 示教前准备

示教前准备工作一般有手动操作设置和 I/O 配置两步。

2.1　手动操作设置

在本任务中,假定工件的偏移方向与世界坐标系的三个轴方向一致,且运动过程中没有绕工具中心点的旋转,因此,无须标定新的坐标系。

2.2　I/O 配置

在码垛任务中,使用的 I/O 端口有一个控制真空吸盘吸合的数字输出端 D_OUT[18],和一个破真空吹气的数字输出端 D_OUT[17]。通过两个端口组合控制完成工件的拾取和放置。I/O 配置如表 4-2 所示。

表 4-2　码垛任务 I/O 配置表

序号	I/O 端口	状态	符号说明	控制指令
1	D_OUT[18]	ON/OFF	吸盘的吸合与关闭	D_OUT[18]=ON/OFF
2	D_OUT[17]	ON/OFF	吸盘的吹气与关闭	D_OUT[17]=ON/OFF

拾取工件:

　　　D_OUT[18]=ON　吸气开

　　　D_OUT[17]=OFF　吹气关

放置工件：

    D_OUT[18]＝OFF 吸气关

    D_OUT[17]＝ON 吹气开

3. 示教编程

现场示教编程分为两部分：点位示教和示教编程，没有绝对先后顺序，也可以编程同时进行示教，根据个人习惯即可。

3.1 点位示教

码垛轨迹中的 26 个目标点，只需示教过渡点、第一块工件的拾取点和放置点，零点和各轴偏移量手动输入，其他点位均由计算得到。

建议示教顺序为：先示教过渡点，再示教第一块工件拾取点，最后吸取工件示教第一块工件放置点。需注意：过渡点为机器人准备吸取工件的姿态准备点，该点应保存在 JR 类型中，并且在示教时，应避开奇异点。如图 4-16 所示。

(a)过渡点   (b)第一块工件拾取点   (c)第一块工件放置点
JR[2]   LR[1]   LR[2]

图 4-16 码垛任务示教点位

3.2 示教编程

1）界面准备

新建码垛主程序、初始化子程序和单次搬运子程序，并将不需要的行删除。此内容在前面已学习，不再重复示范。如图 4-17 所示。

图 4-17 码垛任务程序界面准备

2）子程序设计

A. 初始化子程序

实现机器人回零点，所有端口复位功能，参考程序如图 4-18 所示。

B. 单次搬运的子程序

实现单工件的搬运，使用 LR[10] 和 LR[11] 作为子程序中的拾取和放置点，LR[3] 为上方点高度增量，吸盘由 D_OUT[18] 和 D_OUT[17] 组合控制。单次搬运功能指令已在前面学习，不再重复介绍，参考程序如图 4-19 所示。

图 4-18　码垛任务中初始化子程序

图 4-19　单工件搬运的子程序

3）主程序设计

根据机器人动作规划，主程序主要由三段组成：首先初始化，然后完成六工件码垛，最后回零。第一段为调用 CSH 子程序，第三段为运动指令回 JR[1]。难点为中间六工件码垛程序段。

在前面的任务中已经分析过，六工件码垛可理解为单次搬运执行 6 次，执行 6 次的循环结构可用 WHILE 来实现：设置循环变量 IR[1] 初始值为 1，循环每执行一次 IR[1] 加 1，循环条件设为 IR[1]<=6。如图 4-20 所示。

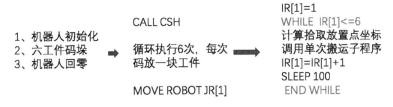

图 4-20　码垛任务中主程序逻辑

循环体中核心操作为计算拾取、放置点位和调用单次搬运子程序，单次搬运子程序已编写完毕，最后的问题是六块工件的拾取和放置点位如何得到呢？

根据图 4-15 码垛工件工位尺寸示意图和表 4-1 变量列表，可将六块工件的拾取和放

置点位分成三种情况,如表4-3所示:

表4-3 六工件位置关系表

六块工件的拾取和放置位关系

编号	拾取点	放置点
第一块	示教得到 LR[1]	示教得到 LR[2]
第二块	计算得到 前一块 Y 轴-64	计算得到 前一块 Y 轴-54
第三块	计算得到 前一块 Y 轴-64	计算得到 前一块 Y 轴-54
第四块	计算得到 第一块 X 轴-122	计算得到 前一块 Z 轴$+35$
第五块	计算得到 前一块 Y 轴-64	计算得到 前一块 Y 轴-54
第六块	计算得到 前一块 Y 轴-64	计算得到 前一块 Y 轴-54

第一块工件的拾取和放置点位由示教得到;

第二、三、五、六块工件的拾取和放置点位由前一块在 Y 轴做偏移得到,并且偏移方向和数值完全相同;

第四块的拾取和放置点位由第一块在 X 轴或 Z 轴做偏移得到,与其他块的规律不相同。

可在主程序中判断是哪种情况,分别计算得到六工件的坐标,将其赋值给单次搬运子程序中的拾取和放置点 LR[10] 和 LR[11]。更新六工件重叠式码垛的位置变量表,如表4-4所示。

表4-4 六工件重叠式码垛的位置变量表

序号	变量	含义	坐标值
1	JR[1]	零点	$\{0, -90, 180, 0, 90, 0\}$
2	JR[2]	过渡点	示教
3	LR[1]	第一块工件拾取点	示教
4	LR[2]	第一块工件放置点	示教
5	LR[3]	上方点 Z 轴增量	#$\{0, 0, 100, 0, 0, 0\}$
6	LR[4]	拾取点 Y 轴增量	#$\{0, 64, 0, 0, 0, 0\}$
7	LR[5]	拾取点 X 轴增量	#$\{122, 0, 0, 0, 0, 0\}$

（续表）

序号	变量	含义	坐标值
8	LR[6]	放置点 Y 轴增量	#{0,54,0,0,0,0}
9	LR[7]	放置点 Z 轴增量	#{0,0,35,0,0,0}
10	LR[10]	子程序中的拾取点	主程序赋值
11	LR[11]	子程序中的放置点	主程序赋值

　　三分支选择结构用条件语句实现需用到 IF 语句的两层嵌套,流程图和程序段如图 4-21 所示,结构较复杂。可采取先将第一块工件赋值给子程序,搬运完成后,从第二块再开始判断,将二分支简化为双分支,流程图和程序段如图 4-22 所示。

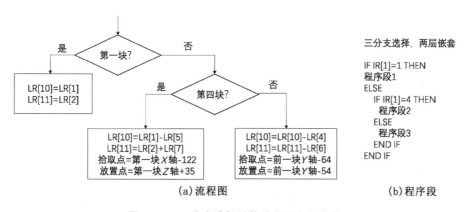

图 4-21　三分支选择结构流程图和程序段

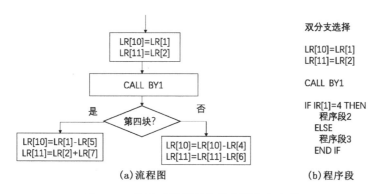

图 4-22　双分支选择结构流程图和程序段

　　加上循环结构,流程图和程序段如图 4-23 所示。在循环外将第一块工件的点位赋值给子程序,循环内先搬运,再将循环变量 IR[1]加 1,判断并计算下一块坐标,然后返回循环条件判断,若 6 块未搬完,继续,若 6 块搬完,循环结束。

　　在此程序段前面加上机器人初始化、运动到过渡点,后面加上机器人回到过渡点,再回零,如图 4-24 所示。整个程序示教编程完毕。

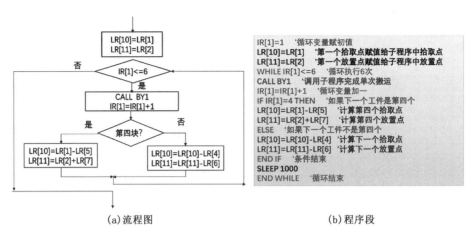

(a)流程图   (b)程序段

图 4-23　六次循环结构流程图和程序段

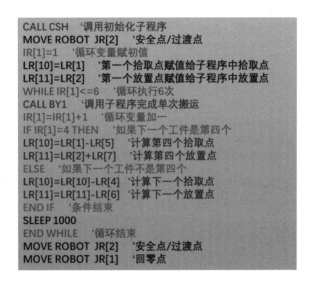

图 4-24　六工件重叠式码垛主程序

4. 程序调试与优化

4.1　程序调试

示教编程完成后，可进入程序调试阶段，与搬运任务相同，先手动单步调试，再手动连续调试，最后自动运行调试，各操作流程和要点已在前面学习过，不再赘述。六工件重叠式码垛自动运行视频详见二维码 4-1。

4.2　程序优化

本项目实施时，假定为理想情况，工件所在的区域与世界坐标系一致，即：六工件的偏移方向与世界坐标系的 X、Y、Z 三轴方向平行，而在实际应用时，通常是不平行状态，且不可移动，此时，本程序设计方法则需要优化，如新建基坐标系，该功能我们在任务二中学习。

任务考核

机器人六工件重叠式码垛任务考核评价见表4-5。

表4-5 机器人六工件重叠式码垛任务考核评价表

综合素养（45分）

序号	评估内容	标准	自评	互评	师评
1	出勤 （5分）	迟到、早退 5分钟内扣2分 10分钟内扣3分 15分钟内扣5分			
2	课堂参与度 （10分）	9～10分：认真听讲，做笔记，积极思考，主动回答问题 6～8分：较认真听讲，做笔记，被动回答问题 0～5分：学生上课有玩手机、交头接耳、走神等现象			
3	安全规范操作 （10分）	机器人碰撞，一次扣5分 安全检查，缺一次扣2分 安全关机不到位，一次扣2分 踩踏线缆、示教器随意放置、运行中进入工作空间等安全隐患，一次扣1分			
4	程序原创 （10分）	抄袭、复制、照搬程序，且无法讲解其含义，扣10分 照搬程序，能讲解其含义，扣5分 有创新点，加2分 有创新点，能实现，加3分			
5	团队协作、沟通交流 （10分）	9～10分：分工明确，沟通交流顺畅，组内传帮带 6～8分：被动分工，偶有交流 0～5分：分工不明，独善其身 组外传帮带、课外助教，加3分			

理论知识（15分）

序号	评估内容	标准	自评	互评	师评
1	讲解码垛任务中新指令功能（10分）	根据完整度和准确度给分			
2	描述重叠式码垛中各点位关系（5分）	根据完整度和准确度给分			

技能操作（40分）

序号	评估内容	标准	自评	互评	师评
1	点位示教（10分）	根据数量和准确度给分			
2	码垛任务程序编写（20分）	根据正确性和完整度给分			
3	码垛任务程序调试（10分）	根据运行效果给分			
综合评价					

任务二　机器人重叠式码垛功能优化

本任务使用 HSR612 机器人实现重叠式码垛功能优化,完成各工件偏移方向与世界坐标系不平行时的程序设计与调试,工作区布局如图 4-25 所示,功能演示详见二维码 4-7。

图 4-25　码垛工装位置示意图

知识链接

1. 机器人坐标系标定

1.1　基(工件)坐标系 3 点标定法

基坐标系又称为工件坐标系,定义了工件相对于世界坐标的位置。默认的基坐标系与世界坐标系重合,当工件所在的区域与世界坐标系不平行或有多个工作区时,通常为了减少示教点会新标定一个基坐标,新的基坐标实际上是通过世界坐标平移或翻转得到的。如图 4-26 所示。

在华数Ⅱ型系统中,基(工件)坐标系的新建使用 3 点法标定,如图 4-27 所

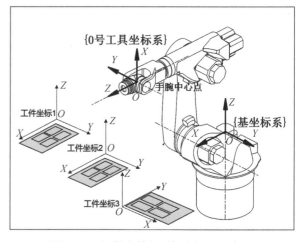

图 4-26　机器人基(工件)坐标系示意图

示。即：通过记录原点、X 方向、Y 方向的三点，重新设定新的坐标系。

具体操作如下，如图 4-28 所示：

1）将机器人的运动模式选为手动，状态栏中的基坐标和工具坐标选择设置为默认。

2）点击菜单，依次选择"投入运行→测量→基坐标→三点法"，进入基坐标标定界面，选择基坐标号 1—16，设置备注名称。

3）手动控制机器人依次移动到原点、Y 方向某点和 X 方向某点。机器人在移动过程中每移动到一个点位，在示教器标定界面，点击记录笛卡儿坐标。

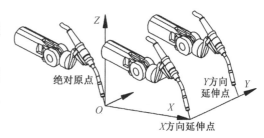

图 4-27 基坐标系 3 点标定取点示意图

4）依次记录 3 个点坐标，然后点击标定，计算出标定坐标值，最后点击保存，标定完成。

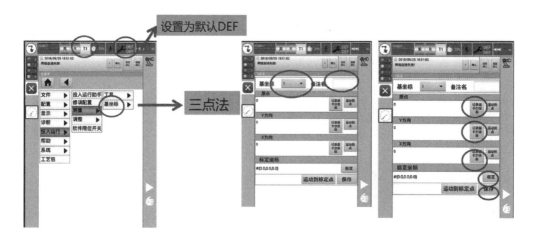

图 4-28 基坐标系 3 点标定步骤

操作要点：① 标定坐标系前必须选择默认坐标系。

② 记录 3 点时，机器人低速，标定工具与标定面等距。

标定完成的基坐标系数据会保存到 BASE 寄存器中，可在菜单→显示→变量列表中查看。同理，若已知一个基坐标数据，可直接点击修改，输入数值后保存。基坐标值查看与修改如图 4-29 所示。

图 4-29 基坐标值查看与修改

新标定基坐标系准确性验证方法（图 4-30）：

在示教器状态栏界面，激活的坐标系中，选择标定的基坐标号，坐标系模式选择基坐标。手动控制机器人分别沿 X 方向和 Y 方向运动，看 TCP 点移动的路线是否与要建立的基坐标系 X 方向和 Y 方向重合，若重合，则标定结果准确。

图 4-30　基坐标系准确性验证

1.2　工具坐标系 4 点和 6 点标定法

默认工具坐标系原点在法兰盘中心点，Z＋为工作方向，垂直法兰朝外。当安装工具手后，可新标定工具坐标系，将 TCP 点下移，则运动中心点下移，如图 4-31 所示。

当机器人末端安装有夹爪、吸盘焊枪等工具后，工作中心点发生变化，可新建工具坐标系使机器人的 TCP 点下移，若新的工具坐标系 Z 轴正方向不变，垂直于法兰盘朝外，则用 4 点法标定。若 Z 轴正方向改变，不垂直于法兰盘，则用 6 点法标定。

1）工具坐标系 4 点标定法

其内涵是通过标定空间中机器人末端在坐标系中的 4 个不同姿态来计算工具坐标系，如图 4-32 所示。

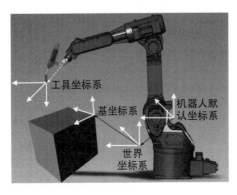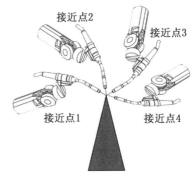

图 4-31　机器人工具坐标系示意图　　　图 4-32　工具坐标系 4 点标定示意图

操作步骤如下，如图 4-33 所示：

A. 将机器人的运动模式选为手动，将工具坐标选择设置为默认工具 DEF。

B. 点击菜单，依次选择"投入运行→测量→工具→4 点法"，进入工具坐标标定界面，选择工具坐标号、设置备注名称，点击继续，进入坐标值记录界面。

C. 手动控制机器人末端移动到空间中固定一点，点击记录，记下参考点 1 坐标，点击确定，继续，变化机器人姿态，再次到达固定点，记录参考点 2 坐标，点击确定继续，依次完成后面 2 个参考点的记录。

D. 最后保存，标定完成。

图 4-33　工具坐标系 4 点标定步骤

操作要点：A. 坐标标定必须选择默认工具坐标下进行。

　　　　　B. 4 个点的姿态差异度越大，标定结果越准确。

　　　　　C. 若有外部轴，标定过程中外部轴不能移动。

2）工具坐标系 6 点标定法

其内涵是通过标定空间中机器人工具末端 6 个不同位置姿态来计算工具坐标系。标定后的工具坐标系 TCP 点下移，Z 轴方向变化。如图 4-34 所示。

6 点法中对最后 3 个点有特殊要求。点 4 为参考原点，即工具竖直朝下，点 5 为 Z 轴正方向延伸点，点 6 为 X 轴正方向延伸点。并且，点 3 和点 4 可选用同一个点，前 3 个点姿态差异度越大，标定越准确。

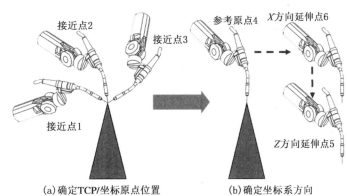

图 4-34　工具坐标系 6 点标定示意图

操作步骤与 4 点法类似，不再赘述。

与基（工件）坐标系类似，标定完成的工具坐标系数据会保存到 TOOL 寄存器中，可在菜单→显示→变量列表中查看。若已知一个工具坐标数据，可直接点击修改，输入数值后保存。

新标定工具坐标系准确性验证方法如下：

在示教器状态栏界面，在激活的坐标系中，选择标定的工具坐标号，坐标系模式选择工具坐标系。

手动控制机器人绕 $X/Y/Z$ 轴旋转，即 $A/B/C$＋或－，观察旋转中心是否从法兰盘中心变为标定工具的末端，即 TCP 点下移。若旋转过程中工具末端 TCP 基本不动，则标定结果准确，操作视频详见二维码 4-8。

2. 码垛任务优化相关指令

坐标系指令可用于坐标系切换,当新标定了基坐标或工具坐标,则用该指令输入坐标系编号,调用对应坐标系。指令输入方法如图4-35所示,操作录屏详见二维码4-9。

特别提醒:Ⅱ型默认坐标系编号为0。

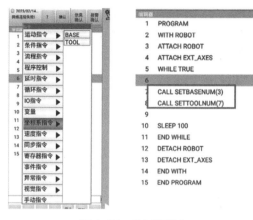

图 4-35　坐标系指令

任务分析

本任务中,机器人运动过程、各拾取点/放置点的变化规律与任务一完全相同,但拾取点/放置点的偏移方向与世界坐标系不平行,因此,需要以各工件的偏移方向来新建基坐标系,且在程序中使用坐标系切换指令。

任务实施

1. 码垛功能优化任务运动规划

本任务机器人的动作和运动轨迹与前一任务完全相同,只是由于当工作台倾斜或旋转一定角度,导致拾取和放置点位的偏移方向与世界坐标系不一致,但各方向上的偏移量并未发生变化,如图4-36所示。

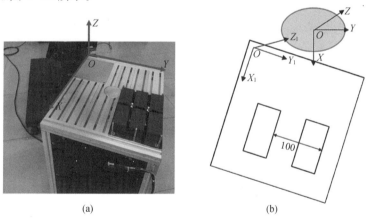

(a)　　　　　　　　　(b)

图 4-36　工件偏移方向示意图

因此,机器人的运动轨迹、位置变量表不变,只需新建一个基(工具)坐标系,使其坐标轴方向与工件位置的偏移方向一致,在新坐标系下重新示教点位,原来程序中加入坐标系切换指令即可。

2. 示教前准备

示教前准备工作一般有手动操作设置和I/O配置两步。

2.1　手动操作设置

在本任务中,需标定新的工具坐标系,如图 4-37 所示,确保新坐标系的方向与工件的偏移方向一致:平行工作台朝前为 $X+$,朝右为 $Y+$,朝上为 $Z+$。

采用基坐标 3 点标定法,新建基坐系,操作步骤如图 4-37 所示。

(a)示教器界面→基坐标→3点标定法　　　(b)3点:原点→X正方向→Y正方向　　　(c)对点示意图

图 4-37　标定新的基坐标系

2.2　I/O 配置

与任务一相同,I/O 配置不变,同表 4-2。

3.　示教编程

3.1　点位示教

本任务的机器人运动轨迹并未改变,新标定基坐标系的坐标值方向与上一任务中原偏移位置一致,因此,位置变量表不变,同表 4-4,只需重新示教过渡点、第一块工件的拾取和放置点位。

注意:以上点位示教应在新标定坐标系下进行,如图 4-38 所示。

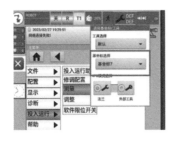

(a)　　　　　　　(b)过渡点　　　　(c)第一块工件拾取点　　　(d)第一块工件放置点

图 4-38　新码垛任务点位示教

3.2 示教编程

本项目中机器人运动轨迹不变,程序逻辑不变,只有基准点的坐标和坐标系发生变化,因此,在任务一程序的基础上,只需加入坐标系切换指令即可。

1)子程序设计

初始化子程序和单工件搬运子程序不变,同图4-18、图4-19。

2)主程序设计

主程序的逻辑和指令基本不变,由于偏移量是在新的基坐标系下计算的,因此,在计算之前,需要在程序中加入坐标系切换指令,如图4-39所示。

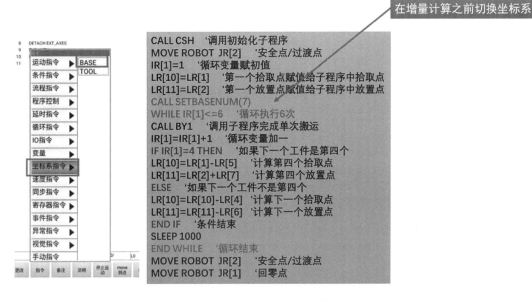

图 4-39 主程序设计

4. 程序调试与优化

4.1 程序调试

程序调试步骤与前面任务相同,遵循先手动单步,再手动连续,最后自动运行的步骤进行,每一步效果正确了才能进行下一步。使用 HSR612 机器人完成新标定坐标系下的六工件重叠式码垛运行效果详见二维码 4-7。

4.2 程序优化

本任务实施时,默认机器人拾取放置工件动作正常,未考虑工件掉落等意外情况,从实际应用的严谨性考虑,I/O端口动作后,应检测其状态是否正确,该功能我们将在后续项目中学习。

任务考核

机器人重叠式码垛功能优化任务考核评价见表4-6。

表4-6 机器人重叠式码垛功能优化任务考核评价表

综合素养(45分)

序号	评估内容	标准	自评	互评	师评
1	出勤 (5分)	迟到、早退 5分钟内扣2分 10分钟内扣3分 15分钟内扣5分			
2	课堂参与度 (10分)	9~10分：认真听讲，做笔记，积极思考，主动回答问题 6~8分：较认真听讲，做笔记，被动回答问题 0~5分：学生上课有玩手机、交头接耳、走神等现象			
3	安全规范操作 (10分)	机器人碰撞，一次扣5分 安全检查，缺一次扣2分 安全关机不到位，一次扣2分 踩踏线缆、示教器随意放置、运行中进入工作空间等安全隐患，一次扣1分			
4	程序原创 (10分)	抄袭、复制、照搬程序，且无法讲解其含义，扣10分 照搬程序，能讲解其含义，扣5分 有创新点，加2分 有创新点，能实现，加3分			
5	团队协作、沟通交流 (10分)	9~10分：分工明确，沟通交流顺畅，组内传帮带 6~8分：被动分工，偶有交流 0~5分：分工不明，独善其身 组外传帮带、课外助教，加3分			

理论知识(15分)

序号	评估内容	标准	自评	互评	师评
1	讲解坐标系标定方法(10分)	根据完整度和准确度给分			
2	描述坐标系指令功能和使用方法(5分)	根据完整度和准确度给分			

技能操作(40分)

序号	评估内容	标准	自评	互评	师评
1	坐标系标定(15分)	根据准确度给分			
2	码垛任务程序编写(15分)	根据正确性和完整度给分			
3	码垛任务程序调试(10分)	根据运行效果给分			
综合评价					

项目小结

本项目使用 HSR612 机器人完成了机器人重叠式码垛的工作任务,主要介绍了坐标系标定、示教编程工作流程、码垛相关指令、点位示教方法等,使学习者能进一步掌握机器人的基本指令、基本操作和程序设计方法。

项目拓展

除重叠式码垛外,还有正反交错式、旋转交错式、纵横交错式三种码放方式。请借助线上学习资源,自主尝试编程实现多工件的纵横交错式码垛和正反交错式码垛功能,功能视频见二维码 4-10 和 4-11。

思考与练习

一、填空题

1. 装盘码垛是指在托盘上装放同一形状的立体形包装物品,托盘上货体码放方式主要有_____、_____、_____和_____。

2. 下列指令实现循环执行 5 次,请将程序指令补全:

IR[1]＝5

WHILE _____

CALL abc

IR[1]＝ IR[1]－1

END WHILE

3. 工具坐标系标定的方法有:_____和_____。

4. 新标定的工具坐标系的坐标值保存在_____变量中。

二、综合题

使用 HSR612 机器人,完成六工件纵横交错码垛功能。

要求:① 描述机器人运动轨迹,列出变量表;

② 将初始化和单次搬运作为子程序;

③ 尽量减少示教点个数。

项目五

工业机器人上下料编程与调试

 项目概述

在机械加工等领域,工件的上下料是一件简单、枯燥但对生产效率和产品质量有较大影响的工序。采用机器人进行上下料不仅能将人从这项单调的工作中解放出来,还能大幅提升生产效率、提高定位精度并降低搬运过程中的产品损坏率。

机器人在数控车削加工、注塑、锻造等机床上下料中有着广泛的应用。上下料是将待加工工件送到机床上的加工位置和将已加工工件从加工位置取下的作业。

本项目使用 HSR612 机器人和上下料所需工装,模拟多工件的机床加工及上下料功能。

通过本项目的学习,学生掌握含循环和选择结构的程序设计、相关编程指令和输入信号的使用等方法,具备对机器人上下料作业的操作、编程及维护能力。

 知识目标

1. 掌握传感器检测信号的使用方法。
2. 掌握程序优化方法。
3. 熟练掌握目标点的示教方法。
4. 熟练掌握华数Ⅱ型系统循环、流程控制、选择等指令的使用方法。

 能力目标

1. 能合理规划机器人上下料运动轨迹。
2. 能合理选择示教点,并快速准确完成示教。

3. 能根据任务需求使用循环、选择等指令完成上下料的程序编写和调试。

4. 能进行程序优化。

素质目标

1. 培养团队协作的精神。

2. 具备程序原创、优化意识。

3. 培养安全生产、规范操作、严谨细致的工作作风。

数字化资源

5-1 八工件上下料

5-2 机器人夹具电路图

5-3 机器人夹具工装气路图

5-4 I/O 指令输入

5-5 HSR-JR612-CII 机器人用户说明书

任务一　机器人八工件上下料

任务说明

　　本任务使用 HSR612 机器人实现八工件上下料作业,工作区分为料架、加工单元、料仓三个区(图 5-1)。机器人从料架取料,送至加工单元,用转台旋转模拟机床加工,然后机器人取料放至料仓。功能演示详见二维码 5-1。

图 5-1　八工件上下料示意图

知识链接

机器人 I/O 端口

　　机器人 I/O,即输入/输出端口,主要功能是实现机器人与外部设备通信,此输入/输出是针对机器人控制系统而言的,如:末端夹具开合的继电器控制信号为输出,检测是否开合到位的传感器状态反馈回来的信号为输入。

1.1　类别

　　机器人 I/O 端口有三类:数字信号输入/输出端、模拟信号输入/输出端、外部自动运行输入/输出端。

1.2　状态

　　可在菜单显示中查看设置对应当前 I/O 状态,以数字信号为例,打开"菜单→显示→输入/输出端→数字输入/输出端",其界面及含义如图 5-2、表 5-1 所示。

图 5-2 数字输入/输出端状态界面

表 5-1 数字输入/输出端含义

图项目	说明
①	数字输入/输出序列号
②	数字输入,输出 I/O 信号
③	输入/输出端数值。若一个输入或输出端为 TRUE,则被标记为红色。点击值可切换值为 TRUE 或 FALSE
④	表示该数字输入/输出端为真实 I/O 或者是虚拟 I/O,真实 I/O 显示为 REAL,虚拟 I/O 显示为 VIRTUAL
⑤	给该数字输入/输出端添加说明
−100	在显示中切换到之前的 100 个输入或输出端
+100	在显示中切换到之后的 100 个输入或输出端
切换	可在虚拟和实际输入/输出之间切换
值	可将选中的 I/O 设置为 TRUE 或者 FALSE
说明	给选中行的数字输入/输出添加解释说明,选中后点击可更改
保存	保存 I/O 说明

1.3 I/O 测试

在机器人示教编程之前,应对各端口信号进行测试,清楚各信号的位置和状态。如搬运项目中控制夹爪开合动作,应先测试其数字输出端口号和控制效果,方可确认程序中指令 D_OUT[25]=ON 为夹爪夹紧。

操作步骤如下:

1)通过图纸或电控柜中实际接线计算端口号

A. 根据图纸计算

机器人夹具部分电路图如图 5-3 所示,X 为数字输入端口,对应机器人 D_IN,Y 为数字输出端口,对应 D_OUT。每个端口下有 8 个端子,序号为 0—7。机器人夹具电路图详见二维码 5-2,机器人夹具工装气路图详见二维码 5-3。

计算方法为：X/Ym. n 等价于机器人端口号 8 ∗ m＋n＋1。

故：X3.0 端子号＝8 ∗ 3＋0＋1＝25，对应机器人 D_IN[25]；

同理，Y1.3 端子号＝8 ∗ 1＋3＋1＝12，对应机器人 D_OUT[14]。

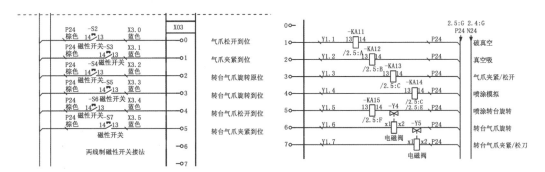

图 5-3　机器人夹具部分电路图

B. 根据电控柜实际接线计算

一般来说，电控柜 I/O 接线应与设备电路图保持一致，但不排除人为变更情况。以 HSR605 机器人为例，电控柜中 I/O 模块如图 5-4 所示，其 X 为 INPUT 数字输入端，Y 为 OUTPUT 数字输出端，含义和计算方法与图纸计算类似，X/Ym. n 等价于机器人端口号 8 ∗ m＋n＋1。

图 5-4　机器人 I/O 模块

2）通过示教器 I/O 状态界面验证端口号和控制状态

计算出 I/O 端口号后，再进行测试，验证实际 I/O 端口值和功能是否与计算一致。

A. 输出端口测试

在菜单显示界面找到对应数字输出端，手动给值 TRUE 或 FALSE，观察机器人夹爪是否夹紧和松开，若是，则说明 I/O 正确，添加端口文字说明。默认 FALSE 时，夹爪松开，TRUE 时，夹爪夹紧，若状态相反，可将气管反接。如图 5-5 所示。

图 5-5　数字输出端口测试

B. 输入端口测试

在菜单显示界面找到对应数字输入端,观察夹爪夹紧或松开时,位置检测传感器磁性开关指示灯是否点亮,示教器对应输入端的值是否变红为 TRUE,若是,则端口号和传感器位置安装正确,添加端口文字说明,如图 5-6 所示。

图 5-6 数字输入端口测试

任务分析

本任务要求使用 HSR612 机器人夹爪实现八工件上下料作业,分解任务内容,需要完成以下步骤:

1. 确定单次上下料中机器人的运动轨迹;
2. 确认夹爪开合对应的 I/O 端口;
3. 拆解机器人单次搬运的运动过程并转化为程序指令;
4. 找到八工件拾取点的变化规律,使用循环和子程序调用编程;
5. 运行调试并进行功能优化。

任务实施

1. 上下料任务运动规划

根据视频中的八工件上下料过程展示,整个工作过程共有 8 次上下料,每次上下料流程相同,均为拾取物料、上料、等待加工完毕并下料、将物料放置料仓,如图 5-7 所示。

机器人的动作共有 6 步:数据复位→拾取物料→上料→等待加工完毕→下料→入库,如图 5-8 所示。

图 5-7 八工件上下料任务规划

图 5-8 上下料动作规划简图

机器人整体运动路径为：从零点出发到工作过渡点，再按上下料路径运动，工作完毕后先回工作过渡点再回零点，如图5-9(a)所示。

上下料运动路径为：先到拾取点正上方，接着直线运动到拾取点，拾取物料后回到拾取点正上方，再运动到上下料点前方，然后直线运动到上下料点，上料完成后，机器人退回至上下料点前方等待加工完成，再运动到上下料点取料，再次回到上下料点前方，然后运动到安全点改变机器人位姿准备入库，运动到放置点正上方，再直线运动到放置点，放置完成后，回到放置点正上方，一次上下料完毕，如图5-9(b)所示。

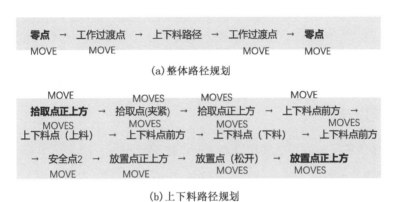

(a)整体路径规划

(b)上下料路径规划

图5-9 整体路径规划和上下料路径规划

8次上下料工作流程完全相同，只是拾取点和拾取点上方点位有变化。

机器人运动轨迹中共经23个点：1个零点、2个安全过渡点、8个拾取点上方、8个拾取点、1个上下料点前方、1个上下料点、1个放置点上方、1个放置点。

与上一个码垛项目类似，应找到各点间的位置关系，尽量用偏移量计算，减少示教点个数。同理，12个拾取和放置位的上方点，也可由Z轴增量计算得到。

通过尺寸测量和工件位置可知：每块工件的拾取点位前后方向沿X轴偏移100 mm，左右方向沿Y轴偏移150 mm，如图5-10所示。

因此，8块工件的拾取点，只需示教第一块的拾取点，通过加减X、Y轴偏移量的方法，就可计算出其余7个拾取点。同理，8个拾取点上方、1个放置点上方、1个上下料点前方，均可用偏移量计算得到。

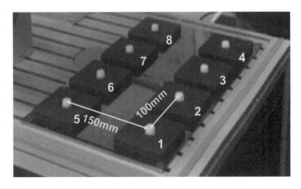

图5-10 上下料工位尺寸示意图

故23个点位中，只需示教5个：2个过渡点、第一块工件拾取点、上下料点和放置点，列出八工件上下料的变量列表，如表5-2所示。

表 5-2　八工件上下料位置变量表

序号	变量	含义	坐标值
1	JR[1]	零点	{0,－90,180,0,90,0}
2	JR[2]	过渡点 1	示教
3	JR[3]	过渡点 2	示教
4	LR[1]	第一块工件拾取点	示教
5	LR[2]	上下料点	示教
6	LR[3]	放置点	示教
7	LR[4]	上方点 Z 轴增量	#{0,0,100,0,0,0}
8	LR[5]	拾取点 Y 轴增量	#{0,150,0,0,0,0}
9	LR[6]	拾取点 X 轴增量	#{100,0,0,0,0,0}
10	LR[7]	上下料点前方 Y 轴增量	#{0,120,0,0,0,0}

2. 示教前准备

示教前准备工作一般有手动操作设置和 I/O 配置两步。

2.1　手动操作设置

在本任务中,假定工件的偏移方向与世界坐标系的三个轴方向一致,且运动过程中没有绕工具中心点的旋转,因此,无须标定新的坐标系。

2.2　I/O 配置

在上下料任务中,使用三个输出端分别控制机器人夹爪开合、转台旋转和转台开合。上料时,机器人将工件放入转台,下料时,机器人从转台取料。通过转台旋转然后复位来模拟机床物料加工。I/O 配置表如表 5-3 所示。

表 5-3　上下料任务 I/O 配置表

序号	I/O 编号	状态	符号说明	指令
1	D_OUT[19]	ON/OFF	控制夹爪开合	D_OUT[17]＝ON 夹爪夹紧
2	D_OUT[23]	ON/OFF	控制转台旋转	D_OUT[23]＝ON 转台旋转
3	D_OUT[24]	ON/OFF	控制转台开合	D_OUT[24]＝ON 转台夹紧

　　上料:D_OUT[24]＝ON　转台夹紧

　　　　　D_OUT[19]＝OFF　夹爪松开

　　下料:D_OUT[19]＝ON　夹爪夹紧

　　　　　D_OUT[24]＝OFF　转台松开

　　加工:D_OUT[23]＝ON　转台旋转

　　　　　D_OUT[23]＝OFF　转台复位

3. 示教编程

现场示教编程分为两部分:点位示教和示教编程,没有绝对先后顺序,也可以编程同时进行示教,根据个人习惯即可。

3.1　点位示教

上下料轨迹中的 23 个目标点,只需示教 2 个过渡点、第一块工件的拾取点、上下料点和放置点,零点和各轴偏移量手动输入,其他点位均由计算得到。

建议点位示教顺序按机器人的上下料动作先后顺序进行。

注意:过渡点 1 为机器人准备吸取工件的姿态准备点,过渡点 2 为确保放置路径不会碰撞的安全点,应保存在 JR 类型中。且上下料点和放置点应带工件示教,如图 5-11 所示。

(a)过渡点1　　(b)第一块工件拾取点　　(c)上下料点　　(d)过渡点2　　(e)放置点
JR[2]　　　　　　　LR[1]　　　　　　　　LR[2]　　　　　JR[3]　　　　LR[3]

图 5-11　上下料任务示教点位

3.2　示教编程

1) 界面准备

新建码垛主程序、初始化子程序和单次上下料子程序,并将不需要的行删除。此内容在前面已学习,不再重复示范,如图 5-12 所示。

图 5-12　上下料程序界面准备

2) 子程序设计

A. 初始化子程序

实现机器人回零点,所有端口复位功能,也可将控制循环次数的变量 IR[1]赋初值放在初始化子程序中。参考程序如图 5-13 所示。

B. 单次上下料子程序

实现单工件上下料,使用 LR[10]作为子程序中的拾取点,根据机器人的运动轨迹和变量列

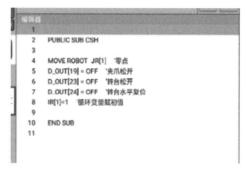

图 5-13　上下料任务中初始化子程序

表,将机器人动作逐步转成指令,并在确保先后顺序和需等待的地方加上延时指令。例程中,确保先后执行顺序的延时时长稍短 300 ms,上下料工件交接时的延时稍长 500 ms,转台旋转和复位间的延时设为 2 s,参考程序如下:

```
PUBLIC SUB SXL_1
MOVE ROBOT    LR[10]+LR[4]               '取料上方
MOVES ROBOT    LR[10]                    '取料
DELAY ROBOT 300
D_OUT[19] = ON                          '夹爪夹紧
DELAY ROBOT 300
MOVES ROBOT    LR[10]+LR[4]             '取料上方
DELAY ROBOT 300
MOVE ROBOT    LR[2]+LR[7]               '上料前方
MOVES ROBOT    LR[2]                    '上料
DELAY ROBOT 300
D_OUT[24] = ON                          '转台夹紧
DELAY ROBOT 500
D_OUT[19] = OFF                         '夹爪松开
DELAY ROBOT 300
MOVES ROBOT LR[2]+LR[7]                 '上料前方
DELAY ROBOT 500
D_OUT[23] = ON                          '转台转动
DELAY ROBOT 2000
D_OUT[23] = OFF                         '转台回位
DELAY ROBOT 300
MOVES ROBOT LR[2]                        '下料点
DELAY ROBOT 300
D_OUT[19] = ON                          '夹爪夹紧
DELAY ROBOT 500
D_OUT[24] = OFF                         '转台夹爪松开
DELAY ROBOT 300
MOVES ROBOT LR[2]+LR[7]                 '下料前方
MOVE ROBOT    JR[2]                      '安全过渡点 2
MOVE ROBOT    LR[3]+LR[4]               '放置点上方
MOVES ROBOT    LR[3]                    '放置点
DELAY ROBOT 300
```

```
D_OUT[20] = OFF                                    '夹爪松开
DELAY ROBOT 300
MOVES ROBOT   LR[3] +LR[4]                         '放置点上方
END SUB
```

3) 主程序设计

根据机器人动作和整体路径规划,主程序主要流程为:初始化→运动到过渡点1→循环执行8次,完成八工件上下料→回过渡点→回零。每次循环中需先判断工件号、计算拾取点坐标,再完成单次上下料作业,如图5-14所示。

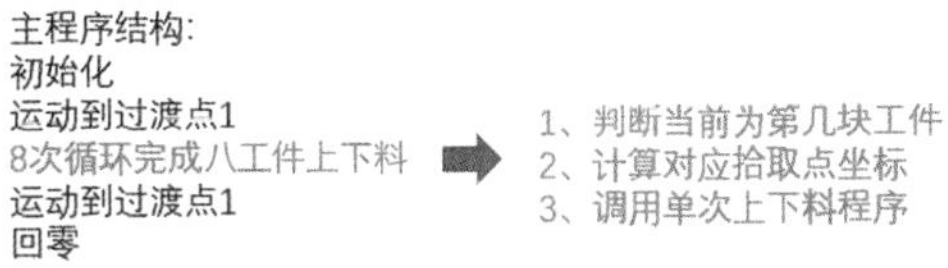

```
主程序结构:
初始化
运动到过渡点1                        1、判断当前为第几块工件
8次循环完成八工件上下料      ➡      2、计算对应拾取点坐标
运动到过渡点1                        3、调用单次上下料程序
回零
```

图 5-14　上下料任务中主程序逻辑

八块工件的拾取点位如何得到呢?

根据工件的布局,我们可将八块工件分成三类,除第一块示教外,其余工件拾取点均可由计算得到,如表5-4所示。

表 5-4　八工件拾取位关系表

编号	拾取点
第一块	示教得到 LR[1]
第二块 第三块 第四块 第六块 第七块 第八块	计算得到 前一块 X 轴 −100
第五块	计算得到 第一块 Y 轴 −150

三种情况的选择结构较复杂,可和码垛任务一样,采取先将第一块工件赋值给子程序,单次上下料作业完成后,从第二块再开始判断,将三分支简化为两分支。流程图和程序段如图5-15所示。

加上循环结构,流程图和程序段如图5-16所示。在循环外将第一块工件的点位赋值给子程序,循环内先单次上下料,再将循环变量 IR[1]加1,判断是否为第五块,并计算下一块坐标,然后返回循环条件判断,若8块未完成,继续,若8块完成,循环结束。

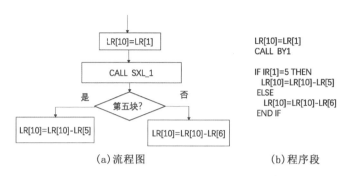

(a) 流程图 　　　　　　　　　　(b) 程序段

图 5-15　双分支选择结构流程图和程序段

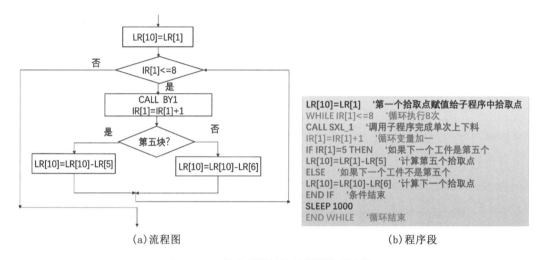

(a) 流程图 　　　　　　　　　　(b) 程序段

图 5-16　八次循环结构流程图和程序段

在此程序段的前面加上机器人初始化、运动到过渡点，后面加上机器人回到过渡点，再回零。整个程序示教编程完毕，如图 5-17 所示，完整变量表如表 5-5 所示。

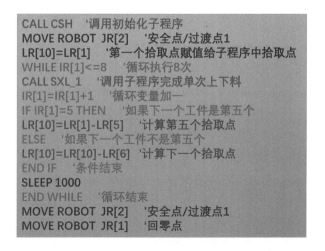

图 5-17　八工件上下料主程序

表 5-5　八工件上下料完整变量表

序号	变量	含义	坐标值
1	JR[1]	零点	{0, -90, 180, 0, 90, 0}
2	JR[2]	过渡点 1	示教
3	JR[3]	过渡点 2	示教
4	LR[1]	第一块工件拾取点	示教
5	LR[2]	上下料点	示教
6	LR[3]	放置点	示教
7	LR[4]	上方点 Z 轴增量	#{0, 0, 100, 0, 0, 0}
8	LR[5]	拾取点 Y 轴增量	#{0, 150, 0, 0, 0, 0}
9	LR[6]	拾取点 X 轴增量	#{100, 0, 0, 0, 0, 0}
10	LR[7]	上下料点前方 Y 轴增量	#{0, 120, 0, 0, 0, 0}
11	LR[10]	子程序中的拾取点	由主程序赋值

4. 程序调试与优化

4.1　程序调试

示教编程完成后,可进入程序调试阶段,与搬运任务相同,先手动单步调试,再手动连续调试,最后自动运行调试,各操作流程和要点已在前一项目中学习过,不再赘述。

根据调试效果可适当增减延时时长、调整安全过渡点位姿、上方点的 Z 轴高度增量等。还可将运动到过渡点 1 指令放到子程序中,确保每次取料前机器人拾取姿态。

八工件上下料自动运行视频详见二维码 5-1。

4.2　程序优化

本项目实施时,假定为理想情况,即 I/O 指令运行后,夹爪或转台应该立刻动作,但如果夹爪、转台故障或忘记打开气路导致无法动作时,为确保安全,机器人是不允许继续执行后续动作的,需要停机排查故障原因。从逻辑严谨性方面考虑,本程序设计方法则需优化,该功能我们将在后读本项目任务二中学习。

任务考核

机器人八工件上下料任务考核评价见表5-6。

表5-6 机器人八工件上下料任务考核评价表

综合素养（45分）

序号	评估内容	标准	自评	互评	师评
1	出勤 （5分）	迟到、早退 5分钟内扣2分 10分钟内扣3分 15分钟内扣5分			
2	课堂参与度 （10分）	9～10分：认真听讲，做笔记，积极思考，主动回答问题 6～8分：较认真听讲，做笔记，被动回答问题 0～5分：学生上课有玩手机、交头接耳、走神等现象			
3	安全规范操作 （10分）	机器人碰撞，一次扣5分 安全检查，缺一次扣2分 安全关机不到位，一次扣2分 踩踏线缆、示教器随意放置、运行中进入工作空间等安全隐患，一次扣1分			
4	程序原创 （10分）	抄袭、复制、照搬程序，且无法讲解其含义，扣10分 照搬程序，能讲解其含义，扣5分 有创新点，加2分 有创新点，能实现，加3分			
5	团队协作、沟通交流 （10分）	9～10分：分工明确，沟通交流顺畅，组内传帮带 6～8分：被动分工，偶有交流 0～5分：分工不明，独善其身 组外传帮带、课外助教，加3分			

理论知识（15分）

序号	评估内容	标准	自评	互评	师评
1	讲解I/O端口测试方法（5分）	根据完整度和准确度给分			
2	描述运动过程（5分）	根据完整度和准确度给分			
3	描述八工件拾取位关系（5分）	根据完整度和准确度给分			

技能操作（40分）

序号	评估内容	标准	自评	互评	师评
1	点位示教（10分）	根据数量和准确度给分			
2	上下料任务程序编写（20分）	根据正确性和完整度给分			
3	上下料任务程序调试（10分）	根据运行效果给分			
	综合评价				

任务二 机器人上下料功能优化

任务说明

本任务使用 HSR612 机器人完成上下料功能优化,增加夹具、转台状态检测功能,实现八工件上下料程序设计与调试,工作区布局不变,如图 5-1 所示。

知识链接

上下料任务优化相关指令

1.1 I/O 指令

在华数Ⅱ型系统中,I/O 指令共七个,分为四类,项目二中已有介绍,如图 5-18 所示。

在本任务中,检测夹具和状态的状态,可使用 WAIT 或 WAITUNTIL 指令,输入演示视频详见二维码 5-4。

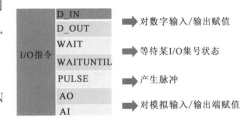

图 5-18 I/O 指令

1) WAIT 指令

用于阻塞等待一个指定 I/O 信号,可选 D_IN 和 D_OUT。

其函数格式为:WAIT(IO,STATE),I/O 代表 D_IN 或 D_OUT,STATE 代表 ON 或 OFF。表示等待某 I/O 端口的值为 ON 或 OFF,若值满足,则程序继续执行,若值未满足,原地等待,程序不会继续执行。

例 1:假设夹爪松开到位的检测端口为 D_IN[17],夹爪松开到位后程序才继续执行,则可输入使用 I/O 指令 WAIT(D_IN[17],ON),示教器中指令编辑和显示界面如图 5-19 所示。

图 5-19 WAIT 指令编辑显示界面

2) WAITUNTIL 指令

用等待 I/O 信号,超过设定时限后退出等待。

其函数格式为:WAITUNTIL(IO,IO,MIL,FLAG),IO 代表 D_IN、D_OUT,MIL 代表延时[单位毫秒(ms)],FLAG 表示等待信号是否成功。

例2：指令编辑如图5-20所示，设置等待时长为1 000 ms，标志位自定义变量n1，若1 s内 D_IN[17]为ON，则程序继续执行，n1为初始值0；若超时，程序仍然继续执行，n1值为1。

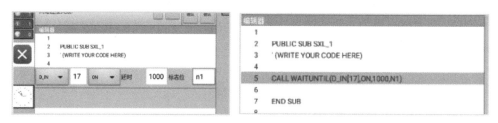

图5-20　WAITUNTIL指令编辑显示界面

任务分析

在前面的项目中，I/O指令执行后，默认外部设备执行状态正常，不考虑设备故障或意外情况发生。本任务中，要求增加夹具、转台状态检测功能，即从设备/生产安全和程序严谨性方面进行优化，每次输出指令执行后，要检测状态是否正常，即检测输入信号的值，达到预期后，方可进行下一步。

任务实施

1. 机器人上下料功能优化任务运动规划

在任务一的单次上下料子程序设计中，假定为理想情况，I/O指令运行后，夹爪或转台立刻动作，且状态均正常，但在实际应用中，夹爪、转台可能会因故无法正常动作或出现工件掉落等情况。为确保安全，机器人是不允许继续执行后续动作的。因此，机器人的运动路径和轨迹均不变，为保证逻辑严谨，程序设计部分，每次执行信号输出指令后，应增加输入信号检测指令。

2. 示教前准备

示教前准备工作一般有手动操作设置和I/O配置两步。

2.1　手动操作设置

在本任务中，假定工作区与世界坐标系方向一致，无须新建坐标系。

2.2　I/O配置

除任务一中的输出I/O外，新增外设状态检测的输入I/O，如表5-7所示。

表5-7　上下料优化任务I/O配置表

序号	I/O编号	状态/值	符号说明
1	D_OUT[19]	ON/OFF	控制夹爪开合
2	D_OUT[23]	ON/OFF	控制转台旋转

（续表）

序号	I/O 编号	状态/值	符号说明
3	D_OUT[24]	ON/OFF	控制转台夹紧松开
4	D_IN[25]	ON/OFF	夹爪松开到位检测
5	D_IN[26]	ON/OFF	夹爪夹紧到位检测
6	D_IN[27]	ON/OFF	转台回转（水平）到位检测
7	D_IN[28]	ON/OFF	转台旋转（竖直）到位检测
8	D_IN[29]	ON/OFF	转台松开到位检测
9	D_IN[30]	ON/OFF	转台夹紧到位检测

输入 I/O 的状态值由检测外设是否动作到位的传感器-磁性开关状态决定。I/O 测试时应手动调节其位置，使之能正确检测夹爪开合到位、转台开合到位、转台旋转/复位到位信号。注意：夹紧到位的传感器安装时应带上工件调试。磁性开关位置状态图，如图 5-21 所示。

(a)　　　　　　(b)　　　　　　(c)　　　　　　(d)

图 5-21　磁性开关位置状态图

3. 示教编程

3.1　点位示教

本任务的机器人运动轨迹并未改变，变量列表无变化，见表 5-5。点位示教与任务一相同，如图 5-11 所示。

3.2　示教编程

本项目中机器人运动轨迹不变，程序逻辑不变，为保证逻辑严谨，每次执行信号输出指令后，应增加输入信号检测指令。

如：初始化时，控制夹爪松开复位后，增加 WAIT 指令，等待 D_IN[25] 为 ON，若为 ON，程序继续往后执行，若不为 ON，则程序在此处暂停，机器人不继续动作。如图 5-22 所示，控制转台复位指令后，同样应增加 WAIT 指令，不再赘述。

同理，在单次上下料子程序中，共有 8 条数字输出指令控制外设动作，为确保安全，应分别加上 8 条 WAIT 指令，等待外设状态正确后程序才能继续执行，如图 5-23 所示。

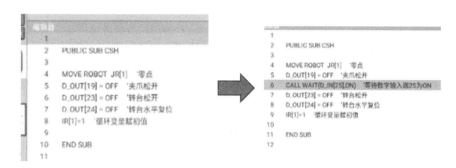

图 5-22　新增状态检测指令示例 1

```
PUBLIC SUB SXL_1
MOVE ROBOT  LR[10]+LR[4]   '取料上方
MOVES ROBOT  LR[10]   '取料
DELAY ROBOT 300
D_OUT[19] = ON   '夹爪夹紧
DELAY ROBOT 300
MOVES ROBOT  LR[10]+LR[4]   '取料上方
DELAY ROBOT 300
MOVE ROBOT  LR[2] +LR[7]   '上料前方
MOVES ROBOT  LR[2]   '上料
DELAY ROBOT 300
D_OUT[24] = ON   '转台夹紧
DELAY ROBOT 500
D_OUT[19] = OFF   '夹爪松开
DELAY ROBOT 300
MOVES ROBOT  LR[2] +LR[7] '上料前方
DELAY ROBOT 500
D_OUT[23] = ON   '转台转动
DELAY ROBOT 2000
```

```
D_OUT[23] = OFF   '转台回位
DELAY ROBOT 300
MOVES ROBOT LR[2]   '下料点
DELAY ROBOT 300
D_OUT[19] = ON   '夹爪夹紧
DELAY ROBOT 500
D_OUT[24] = OFF   '转台夹爪松开
DELAY ROBOT 300
MOVES ROBOT LR[2] +LR[7]   '下料前方
MOVE ROBOT  JR[2]   '安全过渡点2
MOVE ROBOT  LR[3] +LR[4] '放置点上方
MOVES ROBOT  LR[3]   '放置点
DELAY ROBOT 300
D_OUT[20] = OFF   '夹爪松开
DELAY ROBOT 300
MOVES ROBOT  LR[3] +LR[4] '放置点上方
END SUB
```

图 5-23　新增状态检测指令示例 2

4. 程序调试与优化

4.1　程序调试

程序调试步骤与前面任务相同,遵循按先手动单步,再手动连续,最后自动运行的步骤进行,每一步效果正确了才能进行下一步。

4.2　程序优化

在实际应用中,在安全稳定的前提下,工作周期越短,生产效率越高。我们在程序设计时,尽量缩短非必要延时时长,部分情况下可用 WAIT 指令取代延时指令,比如上料时,转台必须先夹紧工件,机器人夹爪才能松开。可将两条 I/O 指令之间的延时去掉,用等待转台夹紧指令替换,如图 5-24 所示。

```
PUBLIC SUB SXL_1
MOVE ROBOT  LR[10]+LR[4]   '取料上方
MOVES ROBOT  LR[10]   '取料
DELAY ROBOT 300
D_OUT[19] = ON   '夹爪夹紧
CALL WAIT(D_IN[26],ON)
DELAY ROBOT 300
MOVES ROBOT  LR[10]+LR[4]   '取料上方
DELAY ROBOT 300
MOVE ROBOT  LR[2] +LR[7]   '上料前方
MOVES ROBOT  LR[2]   '上料
DELAY ROBOT 300
D_OUT[24] = ON   '转台夹紧
CALL WAIT(D_IN[30],ON)
D_OUT[19] = OFF   '夹爪松开
CALL WAIT(D_IN[25],ON)
DELAY ROBOT 300
…………
…………
END SUB
```

图 5-24　WAIT 指令取代 DELAY 指令示例

任务考核

机器人上下料功能优化任务考核评价见表 5-8。

表 5-8　机器人上下料功能优化任务考核评价表

综合素养(45 分)					
序号	评估内容	标准	自评	互评	师评
1	出勤 (5 分)	迟到、早退 5 分钟内扣 2 分 10 分钟内扣 3 分 15 分钟内扣 5 分			
2	课堂参与度 (10 分)	9～10 分:认真听讲,做笔记,积极思考,主动回答问题 6～8 分:较认真听讲,做笔记,被动回答问题 0～5 分:学生上课有玩手机、交头接耳、走神等现象			
3	安全规范操作 (10 分)	机器人碰撞,一次扣 5 分 安全检查,缺一次扣 2 分 安全关机不到位,一次扣 2 分 踩踏线缆、示教器随意放置、运行中进入工作空间等安全隐患,一次扣 1 分			
4	程序原创 (10 分)	抄袭、复制、照搬程序,且无法讲解其含义,扣 10 分 照搬程序,能讲解其含义,扣 5 分 有创新点,加 2 分 有创新点,能实现,加 3 分			
5	团队协作、沟通交流 (10 分)	9～10 分:分工明确,沟通交流顺畅,组内传帮带 6～8 分:被动分工,偶有交流 0～5 分:分工不明,独善其身 组外传帮带、课外助教,加 3 分			
理论知识(15 分)					
序号	评估内容	标准	自评	互评	师评
1	讲解传感器安装与测试方法(5 分)	根据完整度和准确度给分			
2	讲解新指令功能(5 分)	根据完整度和准确度给分			
3	描述程序优化思路(5 分)	根据完整度和准确度给分			
技能操作(40 分)					
序号	评估内容	标准	自评	互评	师评
1	传感器安装与测试(10 分)	根据数量和准确度给分			
2	上下料优化任务程序编写(20 分)	根据正确性和完整度给分			
3	上下料优化任务程序调试(10 分)	根据运行效果给分			
综合评价					

项目小结

本项目使用 HSR612 机器人完成了机器人多工件上下料的工作任务,主要介绍了传感器安装、I/O 端口测试、示教编程工作流程、上下料相关指令、程序优化思路等,使学习者能进一步掌握机器人的指令系统、手动操作和程序设计方法,同时从应用出发,形成严谨、精益求精的工作作风。

项目拓展

在本项目中,通过 WAIT 指令实现了 I/O 端口状态异常时的原地等待功能,实际应用中,有时会出现工件掉落,此时需要机器人安全回零,请借助线上学习资源,自主尝试编程实现上下料过程中,若工件掉落,机器人安全回零功能。

思考与练习

一、填空题

1. I/O 指令中检测端口状态值的有_____和_____两种。

2. 将 LR[1] 赋给 LR[2] 对应指令为_____。

3. 关于输入和输出信号,_____信号控制外部设备动作,_____信号检测外部设备状态。

二、编程题

使用 HSR612 机器人,实现八工件上下料功能,拾取顺序如图所示。

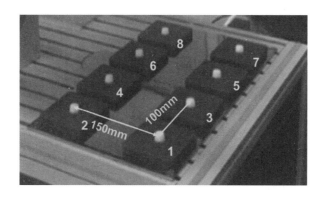

项目六

工业机器人写字编程与调试

 项目概述

机器人写字和画画同属一类作业,是工业机器人的基础应用之一,通常简单图案用示教编程的方法,复杂图案推荐采用离线编程实现。

本项目使用 HSR-6 轴工业机器人,采用示教编程和离线编程两种方法,实现工业机器人写字作业,使学生了解示教编程与离线编程的区别,熟悉离线编程步骤,熟练掌握机器人运动指令、寄存器指令、循环指令的使用方法,掌握构建循环缩短程序的优化原则,具备对机器人写字作业的操作与编程及维护的能力。

  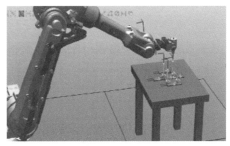

 知识目标

1. 熟悉机器人离线轨迹的生成及优化方法。
2. 熟练掌握构建循环程序优化方法。
3. 熟练掌握目标点的示教方法。
4. 熟练掌握华数Ⅱ型系统循环、运动等指令的使用方法。

 能力目标

1. 能合理规划机器人写字运动轨迹。
2. 能合理选择示教点,并快速准确完成示教。
3. 能根据任务需求使用循环、选择等指令完成上下料的程序编写和调试。
4. 能构建循环减少指令进行程序优化。

5. 能使用 InteRobot 软件完成写字作业离线轨迹的生成及优化。

素质目标

1. 培养团队协作的精神。
2. 具备程序原创、优化意识。
3. 培养安全生产、规范操作、严谨细致的工作作风。

数字化资源

6-1　简单汉字

6-2　圆弧指令输入

6-3　手动指令输入

6-4　寄存器复杂下
标输入方法

6-5　"国"字路径
运动仿真

6-6　机器人画画

任务一　机器人写字示教编程与调试

本任务使用 HSR612 机器人实现写字作业，写字板与世界坐标系平行，写字笔已安装在机器人末端。如图 6-1 所示，功能演示详见二维码 6-1。

图 6-1　机器人写字示意图

知识链接

写字任务相关指令

1.1　运动指令

机器人运动指令有三种：MOVE、MOVES、CIRCLE，在搬运、码垛、上下料项目中使用 MOVE 和 MOVES，这里我们主要介绍 CIRCLE。

CIRCLE 指令（画圆弧指令）

机器人示教圆弧的当前位置与选择的两个点形成一个圆弧，即三点画弧。

1）点击 CirclePoint 输入框，移动机器人到需要的姿态点或轴位置，点击记录关节或者记录笛卡儿坐标，记录 CirclePoint 点完成。

2）点击 TargetPoint 输入框，手动移动机器人到需要的目标姿态或位置，点击记录关节或者记录笛卡儿坐标，记录 TargetPoint 点完成。

3）配置指令的参数。圆弧指令输入如图 6-2 所示,操作视频详见二维码 6-2,参数配置如图 6-3 所示。

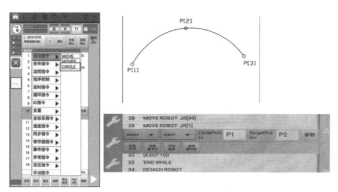

图 6-2　圆弧指令输入

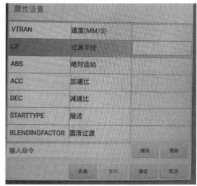

图 6-3　圆弧指令参数设置

使用圆弧指令的相关说明:

1）圆弧角度不得超过 180°,画整圆需两条圆弧指令。

2）多段圆弧衔接时可设置圆滑过渡和过渡半径,其中 BLENDINGFACTOR 为开始过渡的线段百分比,CP 为过渡半径。

3）其他参数设置与 MOVE/MOVES 相同。

例 1：

从 LR[1]开始画弧,经过 LR[2],到达 LR[3],速度 100 mm/s,从 20% 开始圆滑过渡。

MOVE ROBOT　LR[1]

LR[1]CIRCLE　ROBOT CIRCLEPOINT＝LR[2] TARGETPOINT＝LR[3]

BLENDINGFACTOR＝20 VTRAN＝100

1.2　速度指令

在机器人工作过程中,在带工件运动或接近目标点时需要减速,在夹具闲置状态可以加速,因此需要用到速度指令。

改变速度有两种方法：①运动指令中添加参数设置;②程序中使用独立的速度指令。

1）运动指令中添加参数设置

如图 6-4 所示,VCRUISE 对关节运动有效,默认值为 180(°)/s。VTRAN 对直线和圆弧运动有效,默认值为 1 200 mm/s。以上速度需乘以速度修调倍率,才为实际运行速度。

2）程序中使用独立的速度指令

如图 6-5 所示,速度指令用于制定机器人运动速度,其作用范围为程序中不指定运行速度的指令。VCRUISE 对 MOVE 生效,VTRAN 对 MOVES 和 CIRCLE 生效。

注意：速度指令数值应在最大值范围内,否则该速度指令设置无效,以最大值运行。

图 6-4　运动指令中速度参数设置

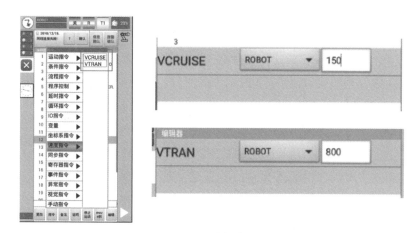

图 6-5　运动指令输入

1.3　手动指令

手动指令主要用于手动输入命令行,便于输入一些指令列表中没有的指令,所有指令均可手动输入。使用手动指令输入时,小写字母会自动转大写,还应注意关键字之间加空格,且所有符号均为英文,如{}、[ ]等,否则加载程序时会报错。

手动指令输入如图 6-6 所示,详细操作演示见二维码 6-3。

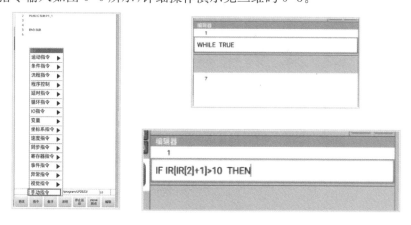

图 6-6　手动指令输入

任务分析

本任务要求使用 HSR612 机器人示教编程实现写字作业,默认写字笔和白板已安装完毕,机器人的运动轨迹与汉字笔画有关,每个笔画对应机器人的运动过程,均为"抬笔-起点-终点-抬笔"。区别在于,有的笔画是直线,有的是弧线。程序设计方法有两种:一是按照书写笔顺,每一笔画对应机器人 4 条运动指令;二是缩短程序长度,将所有直线笔画用一个循环结构,所有互选用一个循环结构。本任务实施中两种方法均会介绍。

任务实施

1. 写字任务运动规划

根据视频中的写字过程展示,以汉字"严"为例,该字笔画由 6 条直线和一条弧线组成,如图 6-7 所示。

机器人整体运动路径为:从零点出发到工作过渡点,再从第一画开始书写,顺序完成所有笔画书写后,回过渡点,再回零。

书写每一笔画路径为:先到起点正上方,接着直线运动到起点,再由起点直线运动到终点(直线笔画),或由起点经过中间点,再运动到终点(弧线笔画),最后抬笔到终点上方。如图 6-8 所示。

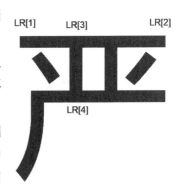

图 6-7 "严"字笔画示意图

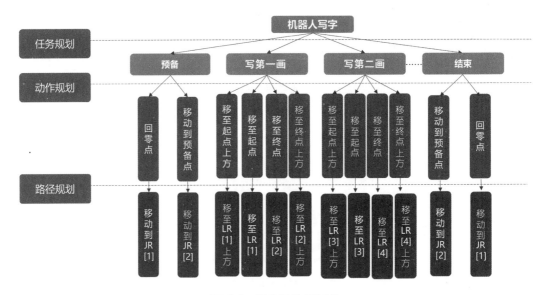

图 6-8 写字运动规划图

各笔画的起点和终点之间,没有通用的位置规律,因此,每一条直线的起点和终点,每条弧线的起点、中间点和终点均需示教,共有 7 画,12＋3＝15 个点。

按照先起点,再终点,将每一笔画的 2 点顺序存放在 LR 寄存器中。

第一画:起点 LR[1]　终点 LR[2]

第二画:起点 LR[3]　终点 LR[4]

……

第六画:起点 LR[11]　终点 LR[12]

第七画:起点 LR[13]　中间点 LR[14]　终点 LR[15]

设置变量列表如表 6-1 所示。

表 6-1　写字任务变量列表

序号	变量	说明	数值
1	JR[1]	零点	手动输入
2	JR[2]	过渡点	示教得到
3	LR[1]、LR[2]	第一画起点、终点	示教得到
4	LR[3]、LR[4]	第二画起点、终点	示教得到
5	LR[5]、LR[6]	第三画起点、终点	示教得到
6	LR[7]、LR[8]	第四画起点、终点	示教得到
7	LR[9]、LR[10]	第五画起点、终点	示教得到
8	LR[11]、LR[12]	第六画起点、终点	示教得到
9	LR[13]、LR[14]、LR[15]	第七画起点、中间点、终点	示教得到

2. 示教前准备

示教前准备工作一般有手动操作设置和 I/O 配置两步。

2.1　手动操作设置

在本任务中,假设写字板与世界坐标系平行,且所有的点均示教得到,运动过程中没有绕工具中心点的旋转,因此,无须标定新的坐标系。

2.2　I/O 配置

在本任务中,写字笔已固定安装在机器人末端,无快换装置,无须 I/O 端口控制。

3. 示教编程

3.1　点位示教

写字轨迹中共有 32 个目标点:1 个零点、1 个笔尖朝下的过渡点、15 个笔画点、15 个笔画上方点。

需要示教的点有 1 个过渡点,保存至 JR 类型寄存器,确保机器人姿态;15 个笔画点,依次存放在连续的 LR 类型寄存器中;15 个笔画上方点由笔画点＋Z 轴高度增量计算得到,新增 Z 轴高度增量 LR[100],其值为{0,0,50,0,0,0}。

点位示教时,注意各笔画点高度一致,若写字板水平,可示教一个点后,其余点手动修改 Z 轴坐标值保持一致,点位示教如图 6-9 所示。

(a)过渡点
JR[2]

(b)第一画起点
LR[1]

(c)第一画终点
LR[2]

图 6-9　写字任务示教点位

3.2　示教编程

写字任务逻辑简单,且无 I/O 端口指令,可按笔画顺序,依次写出机器人动作即可,每一笔直线书写的机器人动作完全一致,只是点位不同,弧线书写只需将直线的 MOVES 改为 CIRCLE,参考程序如下:

```
MOVE ROBOT    JR[1]                '零点
MOVE ROBOT    JR[2]                '预备点
MOVE ROBOT    LR[1]+LR[100]        '第一画起点上方
MOVES ROBOT   LR[1]                '起点
MOVES ROBOT   LR[2]                '终点
MOVES ROBOT   LR[2]+LR[100]        '终点上方
MOVE ROBOT    LR[3]+LR[100]        '第二画
MOVES ROBOT   LR[3]
MOVES ROBOT   LR[4]
MOVES ROBOT   LR[4]+LR[100]
MOVE ROBOT    LR[5]+LR[100]        '第三画
MOVES ROBOT   LR[5]
MOVES ROBOT   LR[6]
MOVES ROBOT   LR[6]+LR[100]
MOVE ROBOT    LR[7]+LR[100]        '第四画
MOVES ROBOT   LR[7]
```

```
MOVES ROBOT    LR[8]
MOVES ROBOT    LR[8]+LR[100]
MOVE ROBOT    LR[9]+LR[100]            '第五画
MOVES ROBOT    LR[9]
MOVES ROBOT    LR[10]
MOVES ROBOT    LR[10]+LR[100]
MOVE ROBOT    LR[11]+LR[100]           '第六画
MOVES ROBOT    LR[11]
MOVES ROBOT    LR[12]
MOVES ROBOT    LR[12]+LR[100]
MOVE ROBOT    LR[11]+LR[100]           '第七画
MOVES ROBOT    LR[11]
CIRCLE ROBOT    CIRCLEPOINT=LR[13] TARGETPOINT=LR[14]
MOVES ROBOT    LR[14]+LR[100]
MOVE ROBOT    JR[2]                    '预备点
MOVE ROBOT    JR[1]                    '零点
```

4. 程序调试与优化

4.1　程序调试

示教编程完成后,可进入程序调试阶段,与搬运任务相同,先手动单步调试,再手动连续调试,最后自动运行调试,各操作流程和要点已在前一项目中学习过,不再赘述。

根据调试效果可适当调速或增加延时效果。

机器人写字自动运行视频详见二维码 6-1。

4.2　程序优化

该项目功能正确,但程序的篇幅过长,能不能进一步优化缩短程序呢?

在参考程序中,除第七画为弧线外,其余六画指令完全相同,只有点位不同,即 LR[n] 中的取值不同,n 为下标,其值为 1~12,华数 II 型系统中,整型寄存器为 IR,因此,我们可以将六画直线书写的程序段理解为相同的操作执行 6 次,使用 IR[1] 作为下标,LR[IR[1]] 作为存放点位的变量,找到每次循环中 IR[1] 的变化规律,设计循环结构:

```
方法 1：IR[1]=1
        WHILE   IR[1]<=6
        MOVE ROBOT    LR[2*IR[1]-1]+LR[100]
        MOVES ROBOT    LR[2*IR[1]-1]
        MOVES ROBOT    LR[2*IR[1]]
```

MOVES ROBOT　　LR[2＊IR[1]]＋LR[100][100]

IR[1]＝IR[1]＋1

SLEEP 100

END WHILE

方法 2：IR[1]＝1

WHILE　IR[1]＜＝12

MOVE ROBOT　LR[IR[1]]＋LR[100]

MOVES ROBOT　LR[IR[1]]

MOVES ROBOT　LR[IR[1]＋1]

MOVES ROBOT　LR[IR[1]＋1]＋LR[100]

IR[1]＝IR[1]＋2

SLEEP 100

END WHILE

因此，原参考程序可优化为：

MOVE ROBOT　JR[1]　　　　　　　'零点

MOVE ROBOT　JR[2]　　　　　　　'预备点

IR[1]＝1

WHILE　IR[1]＜＝12　　　　　　　'循环执行 6 次，书写一至六画

MOVE ROBOT　LR[IR[1]]＋LR[100]

MOVES ROBOT　LR[IR[1]]

MOVES ROBOT　LR[IR[1]＋1]

MOVES ROBOT　LR[IR[1]＋1]＋LR[100]

IR[1]＝IR[1]＋2

SLEEP 100

END WHILE

MOVE ROBOT　LR[11]＋LR[100]　'第七画

MOVES ROBOT　LR[11]

CIRCLE ROBOT　CIRCLEPOINT＝LR[13] TARGETPOINT＝LR[14]

MOVES ROBOT　LR[14]＋LR[100]

MOVE ROBOT　JR[2]　　　　　　　'预备点

MOVE ROBOT　JR[1]　　　　　　　'零点

以上运动指令中，LR 寄存器下标为整型寄存器 IR[1]，此类指令建议用手动指令输入，操作视频见二维码 6-4。

本写字任务中，只有一段弧线，若有多段弧，也可用类似方法，将所有点位顺序存放，找到下标变化规律，用一个循环执行若干次来实现。

任务考核

机器人写字示教编程与调试任务考核评价见表 6-2。

表 6-2　机器人写字示教编程与调试任务考核评价表

综合素养（45 分）

序号	评估内容	标准	自评	互评	师评
1	出勤 （5 分）	迟到、早退 5 分钟内扣 2 分 10 分钟内扣 3 分 15 分钟内扣 5 分			
2	课堂参与度 （10 分）	9～10 分：认真听讲，做笔记，积极思考，主动回答问题 6～8 分：较认真听讲，做笔记，被动回答问题 0～5 分：学生上课有玩手机、交头接耳、走神等现象			
3	安全规范操作 （10 分）	机器人碰撞，一次扣 5 分 安全检查，缺一次扣 2 分 安全关机不到位，一次扣 2 分 踩踏线缆、示教器随意放置、运行中进入工作空间等安全隐患，一次扣 1 分			
4	程序原创 （10 分）	抄袭、复制、照搬程序，且无法讲解其含义，扣 10 分 照搬程序，能讲解其含义，扣 5 分 有创新点，加 2 分 有创新点，能实现，加 3 分			
5	团队协作、沟通交流 （10 分）	9～10 分：分工明确，沟通交流顺畅，组内传帮带 6～8 分：被动分工，偶有交流 0～5 分：分工不明，独善其身 组外传帮带、课外助教，加 3 分			

理论知识（15 分）

序号	评估内容	标准	自评	互评	师评
1	讲解循环次数与循环变量值的关系（10 分）	根据完整度和准确度给分			
2	描述手动指令输入注意事项（5 分）	根据完整度和准确度给分			

技能操作（40 分）

序号	评估内容	标准	自评	互评	师评
1	点位示教（10 分）	根据数量和准确度给分			
2	写字任务优化后的程序编写（20 分）	根据正确性和完整度给分			
3	写字任务优化后的程序调试（10 分）	根据运行效果给分			

综合评价

任务二　机器人写字离线编程与仿真

本任务使用InteRobot离线编程软件和HSR-6轴机器人,调用已有工具和工件完成机器人书写汉字"国"功能作业,如图6-10所示。

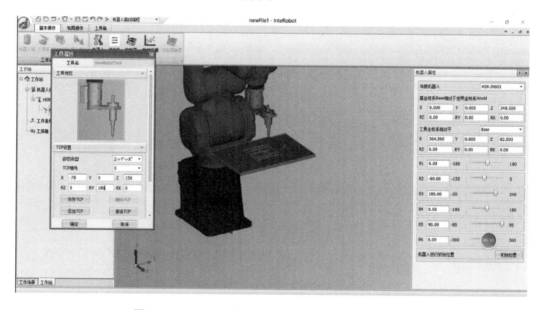

图6-10　InteRobot离线编程软件中机器人工作站搭建

InteRobot离线编程软件基于自主开发的三维平台,实现了软件的控制层、算法层与视图层的分离,满足离线编程软件的开放式、模块化、可扩展的要求。可以完成机器人加工的路径规划、动画仿真、干涉检查、机器人姿态优化、轨迹优化,后置代码。

InteRobot提供了工具模式和工件模式,机器人库可扩展任意型号的机器人,加工场景自由导入,强大的曲面曲线离散功能实现加工轨迹的自由定制,可根据用户的特殊需求进行开发和改进,实现特殊用途。该软件广泛应用于打磨、雕刻、激光焊接、数控加工等领域。

1. 软件功能模块及使用方法

InteRobot离线编程软件界面由主界面、二级界面和三级界面组成,二级界面和三级界面都是以弹出窗体的形式出现。

1.1　主界面

主界面由五部分组成,包括位于界面最上端的工具栏、位于工具栏下方的菜单栏、位于界面左边的导航栏、位于界面最右边的机器人属性栏和机器人控制器栏、位于界面中部的视图窗口,如图 6-11 所示。

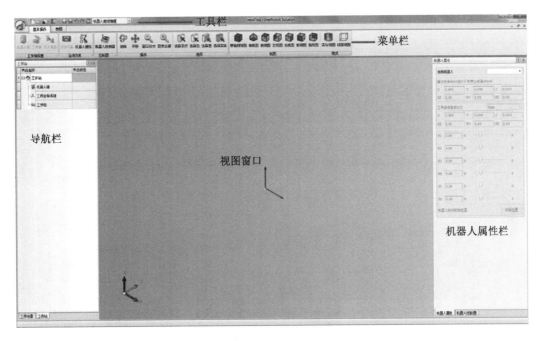

图 6-11　InteRobot 主界面

1) 工具栏

工具栏如图 6-12 所示,从左到右依次是新建、打开、视图、皮肤切换、保存、另存为、撤销、重做、模块图标、模块切换下拉框、工具栏快速设置下拉菜单。

图 6-12　InteRobot 工具栏

2) 菜单栏

在机器人离线编程模块下,有基本操作菜单栏和草图菜单栏。基本操作菜单栏如图 6-13 所示,从左到右分为七个部分,工作站搭建、运动仿真、控制器、操作、选择、视图、模式。

前三个部分是机器人离线编程的主要菜单,点击相应的菜单可以调出对应的二级界面:

　　A. 工作站搭建部分的功能依次是机器人库、工具库、导入模型;

　　B. 运动仿真部分包括运动仿真和机器人属性;

C. 控制器部分是机器人控制器菜单。

后四个部分是视图操作的相关菜单。从左到右分为操作、选择、视图、模式。菜单功能依次是：

A. 旋转、平移、窗口放大、显示全部；

B. 选择顶点、选择边、选择面、选择实体；

C. 等轴测视图、仰视图、俯视图、左视图、右视图、前视图、后视图；

D. 实体视图、线框视图。

图 6-13　InteRobot 基本操作菜单栏

草图菜单栏如图 6-14 所示，从左到右依次是点、线、矩形、圆、坐标系、立方体。

图 6-14　InteRobot 草图菜单栏

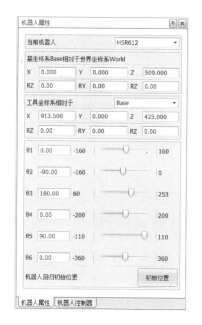

图 6-15　InteRobot 机器人属性栏

3）机器人属性栏

机器人属性栏如图 6-15 所示。

机器人属性栏的主要作用是对机器人进行仿真控制，控制机器人的姿态，让机器人按照用户的预期运动，或者是运动到用户指定的位置上。

机器人属性栏包括四部分：机器人选择部分、基坐标系相对于世界坐标系、机器人工具坐标系虚轴控制部分、机器人实轴控制部分、机器人回归初始位置控制部分。

1.2　机器人界面

InteRobot 机器人离线编程软件提供机器人库的相关操作，包括各种型号机器人的新建、编辑、存储、导入、预览、删除等功能，实现对机器人库的管理，方便用户随时调用所需的机器人。

1）机器人库主界面

机器人库的主界面如图 6-16 所示，提供机器人基本参数的显示、编辑、新建、删除和机器人预览和导入等功能。

2）编辑界面

在机器人库主界面上点击编辑按钮,软件进入选中机器人的编辑界面,能够修改机器人库中的机器人参数,如图 6-17 所示。

图 6-16 InteRobot 机器人库主界面　　图 6-17 InteRobot 机器人编辑界面

机器人参数包括五个部分:机器人名、机器人总体预览、机器人基本数据、定位坐标系、关节数据。机器人基本数据中包括机器人的类型、轴数、图形文件的位置。

定位坐标系收缩条点开之后,显示机器人坐标系的定位设置参数,如图 6-18(a)所示,用户根据实际加工情况设置机器人坐标系的位置。

关节数据收缩条点开后显示有三个子收缩条,包括模型信息、尺寸参数、运动参数。模型信息中显示了各个关节对应的模型数据,用户可以选择对应的模型文件,如图 6-18(b)所示。

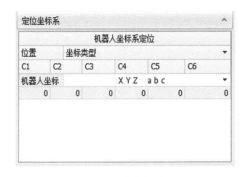

(a)定位坐标系　　　　　　　　　　　(b)关节数据的模型信息

图 6-18 机器人编辑收缩条界面

尺寸参数中显示有机器人各个关节的长度,用户可以根据实际情况进行相应的修改,如图 6-19(a)所示。

运动参数显示了各个轴的运动方式、运动方向、最小限位、最大限位和初始位置等信息,用户可以根据实际情况进行相应的修改,如图 6-19(b)所示。

尺寸参数		∧
关节	关节长度	
Base		509
Joint1		200
Joint2		0
Joint3		620
Joint4		140
Joint5		713.5
Joint6		132.2

运动参数					∧
关节	运动方式	运动方向	最小…	最大…	初始…
Base	静止	Z+	0	0	0
Joint1	旋转	Z+	-160	160	0
Joint2	旋转	Y+	-160	0	-90
Joint3	旋转	Y+	60	253	180
Joint4	旋转	X+	-200	200	0
Joint5	旋转	Y+	-110	110	90
Joint6	旋转	Z-	-360	360	0

(a)关节数据的尺寸参数　　　　　　　　(b)关节数据的运动参数

图 6-19　机器人编辑参数界面

3) 新建界面

在机器人库主界面点击新建按钮,软件弹出新建机器人的界面,如图 6-20 所示。

新建界面与编辑界面的功能完全相同,唯一的不同是弹出界面给出的参数都是没有经过设置的空白参数或是默认参数,需要用户将新建的机器人基本信息参数设置完整。

图 6-20　机器人新建界面　　　　　　图 6-21　机器人属性界面

4) 属性界面

导入机器人后,在机器人组节点下生成对应的机器人节点。节点上右键,点击属性,弹出机器人属性界面,如图 6-21 所示。机器人属性界面与编辑机器人的界面基本一致,不同的是机器人属性界面只能修改节点上的机器人参数,不能修改机器人库的对应机器人参数。

1.3　工具界面

InteRobot 机器人离线编程软件提供工具库的相关操作,包括各种型号工具的新建、编辑、存储、导入、预览、删除等功能,实现对工具库的管理,方便用户随时调用所需的工具。

1) 工具库主界面

工具库的主界面如图 6-22 所示,提供工具基本参数的显示、编辑、新建、删除、预览和导入等功能。

2) 编辑界面

在工具库主界面上点击编辑按钮,软件进入选中工具的编辑界面,如图 6-23 所示。工具属性包括五个部分,即工具名、工具预览、TCP 位置、TCP 姿态、工具定义。

3) 新建界面

在工具库主界面上点击新建按钮,软件弹出新建工具的界面,如图 6-24 所示,新建界面与编辑界面的界面功能完全相同,唯一不同的是弹出界面给出的参数都是没有经过设置的空白参数或是默认参数,需要用户将新建的工具基本信息参数设置完整。

图 6-22　工具库主界面

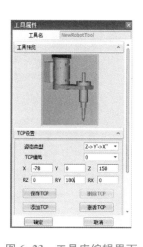
图 6-23　工具库编辑界面

图 6-24　工具库新建界面

4) 属性界面

导入工具后,在机器人节点下生成了所选的工具节点。节点上右键,点击属性,弹出工具属性界面,如图 6-25 所示,工具属性界面与编辑工具的界面基本一致,不同的是工具属性界面只能修改节点上的工具参数,不能修改工具库的对应工具参数。

图 6-25　属性界面

1.4　导入模型界面

导入模型界面提供了将模型导入机器人离线编程软件的接口,导入的模型可以是工件、机床以及其他加工场景中用到的模型文件。

导入模型界面如图 6-26 所示,界面提供了模型名称命名功能、设置模型位置坐标功能、设置模型颜色功能,以及选择模型文件的功能。

1.5　工作坐标系界面

工作坐标系界面主要包括当前机器人选择、坐标系的位置和姿态设置。

1) 添加工作坐标系界面

添加工作坐标系界面如图 6-27 所示。

图 6-26　导入模型界面

用户可以通过点击右方的选择坐标系原点按钮在视图窗口中选取相应的点,也可以通过编辑框直接设置坐标系原点的位置。

坐标系的姿态是通过设置编辑框中的参数实现的,默认情况下与基坐标的方向一致,界面也提供了坐标系名称设置的接口。

图 6-27　添加工作坐标系界面

图 6-28　工作坐标系属性界面

2) 工作坐标系属性界面

在工作坐标系节点上右键选择属性菜单,弹出坐标系属性界面,如图 6-28 所示,界面中可修改坐标系的位置、姿态和名称。

1.6　创建操作界面

创建操作界面如图 6-29 所示,界面中可对操作类型、加工模式、机器人、工具、工件和操作名称进行设置。

软件提供了三种操作类型，即示教操作、离线操作和码垛操作。这里主要介绍离线操作类型。

加工模式分为手拿工具和手拿工件两种。

机器人、工具和工件从已有的节点中进行选择。

图 6-29　创建操作界面

图 6-30　离线操作编辑界面

以下具体介绍离线操作相关界面。

A. 编辑操作界面

离线操作的编辑操作界面如图 6-30 所示，界面中包括操作名称、工具、工件、磨削点的设置、路径编辑、加工策略及后置处理等功能。

B. 路径添加界面

打开路径添加界面，如图 6-31 所示，界面包括三部分，即路径名称、路径编程方式和路径的可见隐藏。其中路径编程方式有三种，即自动路径、手动路径、刀位文件。

图 6-31　路径添加界面

图 6-32　自动路径添加界面

以自动路径添加为例,自动路径界面由四部分组成,包括驱动元素、离散参数设置、加工方向设置、自动路径列表,如图 6-32 所示。

驱动元素设置提供了两种自动路径的生成方式,通过面和通过线。

离散参数设置提供弦高误差和最大步长的设置,如果是通过面方式需要进行路径条数和路径类型设置。

加工方向设置包括曲面外侧选择和方向选择。

自动路径列表显示了每条自动路径的对象号、离线状态、材料侧和方向信息,还提供了列表的基本操作如新建、删除、上移、下移、全选等功能。

在自动路径界面中选择通过线的方式添加路径就会弹出选取线元素界面,该界面提供了三种选择线的方式,分别是直接选取、平面截取、等参数线,如图 6-33 所示。

如图 6-32 所示,为用户选中直接选取方式时的界面。界面分为元素产生方式的选取、参考面的选取、线元素的选取以及选中元素的列表。参考面表示线所在的平面,线元素就是选择用户想要生成路径的线。

在本项目中,采取的路径生成方法是通过线方式里的直接选取。如图 6-33 所示,再依次选择面和选择线,确定路径生成的面和写字路径中的线,如图 6-34 所示。

图 6-33　直接选取界面

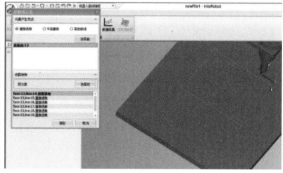

图 6-34　元素选择界面

C. 编辑点界面

路径自动生成完毕后,若机器人部分轨迹姿态不适宜,或需要添加、修改部分点位,可通过离线操作下的编辑点界面,如图 6-35 所示,包括编号、添加和删除、调整点位姿和批量调节等功能。

"添加和删除"菜单下具有添加点、删除点、删除所有、I/O 属性设置、机器人随动等功能。

调整点的位姿包括调整幅度、点的坐标 X、Y、Z,欧拉角 A、B、C。

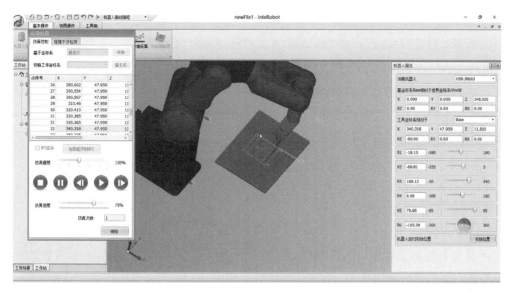

图 6-35　编辑点界面

2. 工作站搭建方法

InteRobot 离线编程软件工作站搭建是指根据机器人实际应用场合，正确选择机器人、工具及工件，完成机器人离线工作站搭建。

2.1　导入机器人

基本步骤如下，如图 6-36 所示：

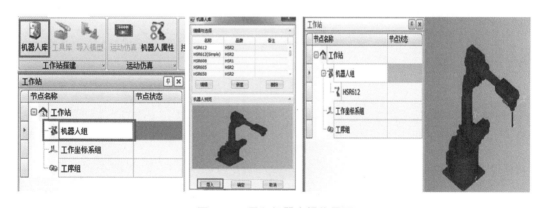

图 6-36　导入机器人操作界面

1）启动 InteRobot 机器人离线编程软件，选择机器人离线编程模块，进入模块后，左边出现导航栏，选择工作站导航栏。

2）工作站导航栏上默认有工作站根节点，以及其三个子节点，分别是机器人组、工作坐标系组、工序组。

3）用户用鼠标左键点击机器人组节点，选中该节点，机器人库菜单就会变为可用状态。然后点击菜单栏中的机器人库菜单。点击机器人库菜单后会弹出机器人库主界面。

4) 弹出的机器人库主界面后,界面上列表中显示了所有在库的机器人参数,用户选择实际需要的机器人,在机器人预览窗口会显示相对应的机器人的图片,点击导入按钮,即可实现机器人的导入功能。

5) 机器人导入完成后,视图窗口出现用户选中的机器人的模型,工作站导航栏中在机器人组节点下创建了机器人的节点,与用户选中的机器人名称一致,这样机器人的所有参数信息就导入了当前工程文件中。

2.2 导入工具

工具的导入跟机器人的导入相类似,不同的是,工具导入前必须已经导入过机器人,工具是依附于机器人而存在的。

操作步骤如下,如图 6-37 所示:

1) 在工作站导航栏中,用户用鼠标左键点击已经导入的机器人节点,选中该节点,菜单栏的工具库菜单变为可用状态,然后点击菜单栏中的工具库菜单,点击工具库菜单后会弹出工具库主界面。

2) 弹出工具库主界面后,界面上列表中显示了所有在库的工具参数,用户选择实际需要的工具,在工具预览窗口会显示相对应的机器人的图片,点击最下端的导入按钮,即可实现工具的导入功能。

3) 工具导入完成后,视图窗口出现用户选中的工具的模型,在用户对工具参数设置正确的情况下,该工具会自动装到对应机器人第六轴的末端。

4) 工作站导航栏中在机器人节点下创建了工具的节点,与用户选中的工具名称一致,这样工具的所有参数信息就导入了当前工程文件中。

  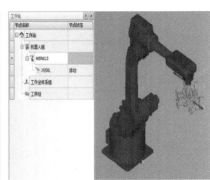

图 6-37 导入工具操作界面

2.3 导入模型

InteRobot 机器人离线编程软件提供将工件模型、机床模型或者其他三维模型导入工程文件中的功能,支持的三维模型格式为.stp、.stl、.step、.igs 等四种标准格式,暂不支持其他格式的三维模型的导入。

当用户需要导入三维模型文件时,将导航栏切换至工作场景导航树,选中工件组节点,此时菜单栏中的导入模型菜单变为可用状态,点击导入模型菜单,直接弹出导入模型界面,如图 6-38 所示。或者用户也可以在工件组节点上单击右键选择导入模型。

没有导入工件前,工作场景导航树中只有一个工作场景根节点,在该节点下有工件组一个子节点。

在导入模型界面设置导入模型的位置、名称及颜色,点击选择模型按钮,在文件对话框中选择要导入的模型文件,点击确定,就实现了模型的导入功能。导入后,视图中出现选中的模型文件的三维模型,并且在工作场景导航树中,在工件组节点下创建了以该工件为名字的子节点,如图 6-39 所示。

图 6-38　导入模型前界面　　　　　　　　图 6-39　导入模型后界面

2.4　模型标定

直接导入的模型可能不在正确的位置上,此时需要用到标定的功能将模型移动到正确的位置上,以便进行正确的后续操作。在需要标定位置的模型节点上点击右键,在弹出的快捷菜单中选择工件标定菜单,弹出工件标定界面,如图 6-40 所示。

可将机器人三点标定法的工件坐标系标定文件读取进来,图 6-41 所示为标定界面和标定文件。

图 6-40　模型标定　　　　　　　　　图 6-41　标定文件读取

标定功能的操作流程是首先选取标定机器人,标定是相对于机器人基坐标而言的,不同的机器人基坐标的位置可能不同。然后点击读取标定文件按钮,弹出文件选择框,选取标定文件。

目前,软件采用的是三点标定法,标定文件由九个数字组成,每三个数表示一个点的坐标,总共是三个点的坐标值。标定文件实际就是用户想要选中的三点在基坐标中的实际位置。

读取标定文件成功后,在标定界面的九个编辑框中会显示相应的数值。用户也可以选择不读取标定文件,直接在编辑框中输入三点在基坐标中的实际位置。

标定后的位置设置好后,可以选择三个点,分别点击选择 P1、选择 P2、选择 P3 三个按钮,在视图中选中标定的三点,选择过程中要注意与设置的标定数据一一对应。点击确定即可完成模型的标定,模型便移动到了用户指定的位置,图 6-41 所示为标定前后视图中的显示状态。

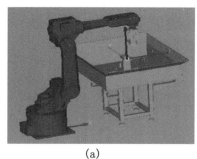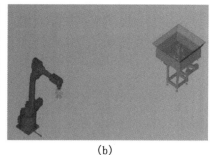

(a)   (b)

图 6-42 标定前后模型位置图

2.5 添加工作坐标系

直接导入的模型可能不在正确的位置上,此时需要用到标定的功能将模型移动到正确的位置上,以便进行正确的后续操作。在需要标定位置的模型节点上点击右键,在弹出的 InteRobot 机器人离线编程软件支持用户在工程文件中添加坐标系的功能,添加的坐标系在后续的操作中可以使用。

操作步骤如图 6-43 所示:

在工作站导航栏中,用鼠标左键选中工作坐标系组后再右键出现添加工作坐标系菜单,点击该菜单,弹出添加工作坐标系界面。

默认的坐标系原点是 $(0,0,0)$。坐标姿态与基坐标一致。用户先选择当前机器人,可以点击左上角的选择原点按钮,然后从视图中用鼠标选中某一点作为坐标系的原点,也可以修改编辑框中对应的 X、Y、Z 数值来改变坐标系的位置。坐标系姿态可以通过 A、B、C 三个编辑框中的参数进行设置。

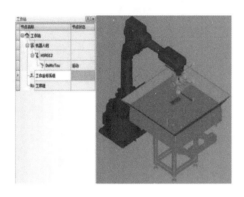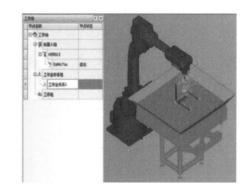

图 6-43　添加工件坐标系步骤图

点击确定按钮后,添加坐标系成功。视图窗口中会出现坐标系,并且在工作站导航栏的工作坐标系组节点下会产生以该坐标系命名的子节点。

任务分析

本任务要求使用 InteRobot 离线编程软件,使用 HSR-6 轴机器人,调用已有工具和工件完成机器人书写汉字"国"功能作业。分解任务内容,需要完成以下步骤:

1. 搭建工作站(机器人选型、添加工具、导入字库);
2. 离线编程路径创建和仿真;
3. 离线编程路径优化;
4. 代码输出。

任务实施

1. 机器人写字离线编程工作站搭建

1.1　新建工作站

打开 InteRobot 软件,单击 NEW 命令,新建工作站,如图 6-44 所示。

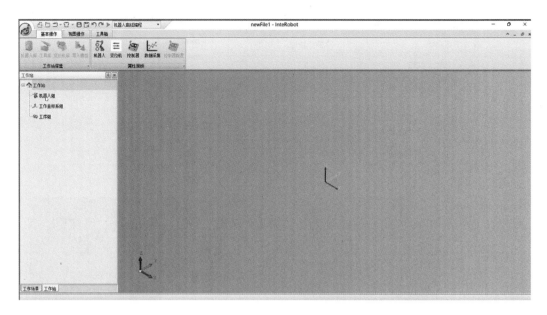

图 6-44　新建工作站

1.2　导入机器人

选中机器人组，从机器人库中选择所需机器人模型，如 HSR603，导入机器人，如图 6-45 所示。

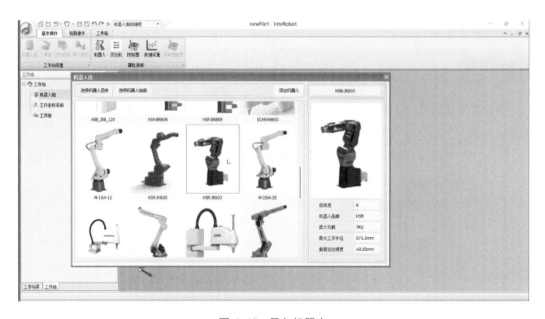

图 6-45　导入机器人

1.3　导入工具或手动添加自定义工具，再进行姿态设置

选中已导入的机器人，从工具库中选择所需的工具模型，如图 6-46 所示。

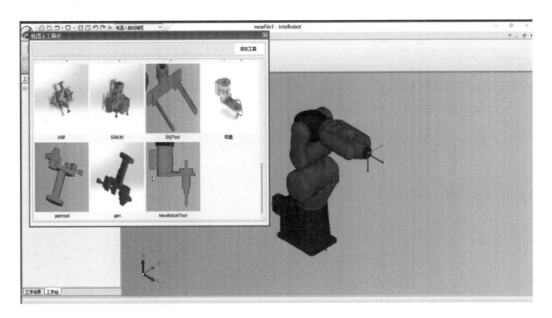

图 6-46　导入工具

　　若工具库中无所需要的工具模型,需手动添加工具,本项目为自定义工具,工具模型文件和图片已建好,只需选择添加,再手动输入新标定的该工具模型对应的工具坐标系的数值,保存即可,如图 6-47 所示。

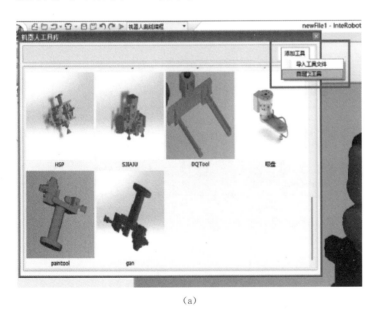

（a）

（b）

图 6-47　添加自定义工具

　　工具模型导入完成后,可在机器人属性参数界面手动输入零点坐标值,修改机器人初始姿态,如图 6-48 所示。

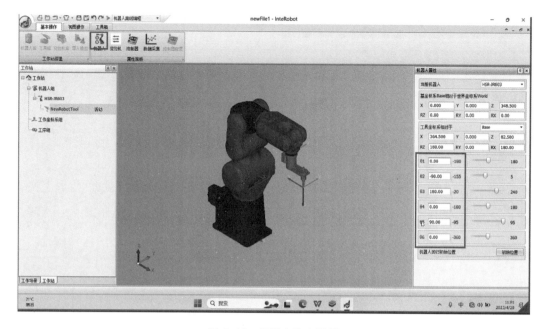

图 6-48　机器人姿态设置

1.4　导入字库工件模型

选择工作场景,选中工件组,导入模型,本任务"国"字模型已建成,模型文件名必须为英文,且格式为.igs,直接选择即可,如图 6-49 所示。

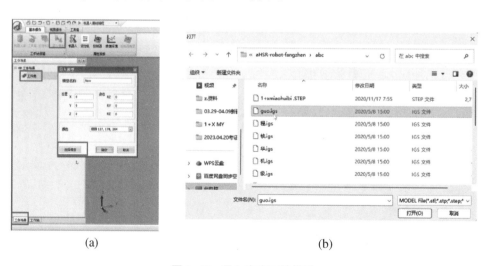

(a)　　　　　　　　　　　　　　　(b)

图 6-49　导入字库工件模型

1.5　添加工件坐标系

在工作站导航栏中,用鼠标右键选中已添加的工件,点击工件标定,选择机器人型号,点击读取标定文件,将该工件坐标系的三点坐标所组成的标定文件读取进来,如图 6-50 所示。

至此,机器人写字工作站搭建完成,如图 6-51 所示。

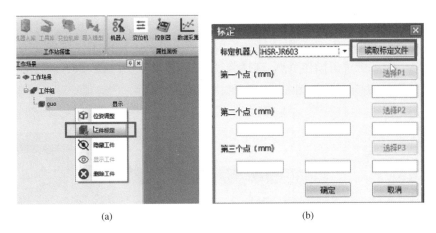

(a) (b)

图 6-50　添加工件坐标系

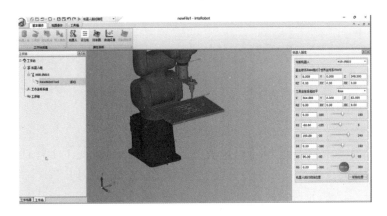

图 6-51　机器人写字工作站

2. 机器人写字离线编程路径创建

2.1　路径创建

在工作站导航栏的工序组节点上单击右键,点击创建操作菜单,弹出创建操作界面。选择离线操作、手拿工具,其他参数默认,点击确定,创建操作完成,如图 6-52 所示。

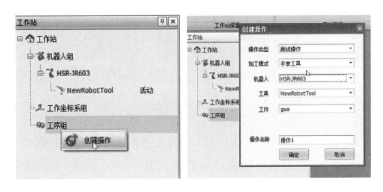

图 6-52　路径创建

149

2.2 路径添加

创建示教操作完成后,在工作站导航栏的工序组节点下会产生一个操作的节点,名称跟操作名称一致,右键单击操作节点,选择路径添加,选择自动路径,添加确定,驱动元素选择"通过线",点击"＋"图标,如图 6-53 所示。

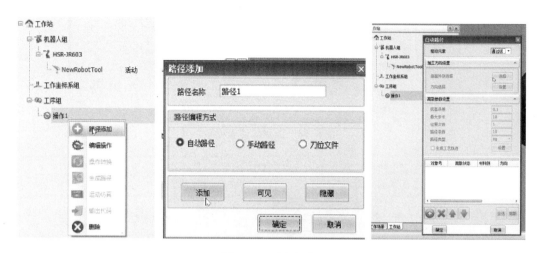

图 6-53 路径添加

在线元素产生方式中,用直接选取的方式,先选择面,点击写字工作面,如图 6-54 所示;再选择线,本任务中的写字是描字形轮廓,此处按笔画依次选中"国"字所有的笔画轮廓,以下示范"国"字外框轮廓线路径生成方法,如图 6-55 所示。

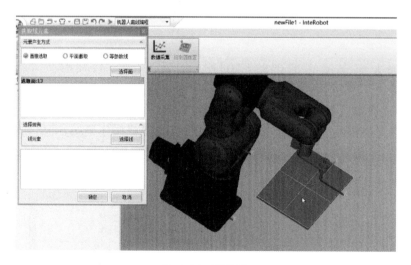

图 6-54 面选择

点击确定后,路径中所有点位自动生成,此时全选所有点,通过曲面外侧选择,设置工作面方向;通过方向选择,设置书写笔画行径方向,如图 6-56 所示,最后全选所有点,点击离散,各点位上机器人工具方向如图 6-57 所示。

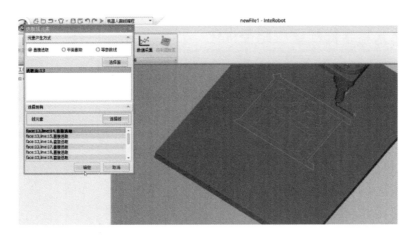

图 6-55　线选择

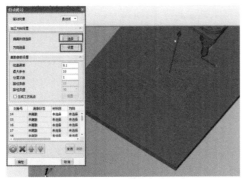

图 6-56　方向设置

图 6-57　机器人路径中点位生成

2.3　路径生成

点击确定后,鼠标右键单击操作节点,选择生成路径,机器人运动路径生成完毕后,可运动仿真,查看仿真效果,如图 6-58 所示。

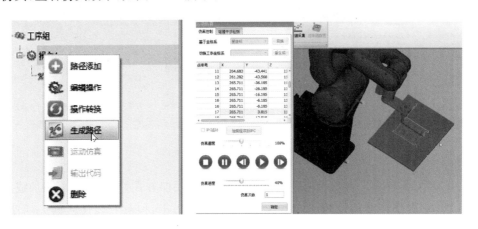

图 6-58　生成路径运动仿真

3. 机器人写字离线编程路径优化

观察运动仿真效果,会发现写字过程中,机器人的 6 轴旋转角度过大,若直接将此路径生成程序导入示教器中,机器人实际写字时容易发生过渡翻转撞机或出现运动目标点无法到达的错误。

此外,在写字过程中,还需要一些过渡点,如机器人初始姿态点,独立笔画书写时需要抬笔的上方过渡点,等等。

因此,需要在原路径中进行点位增加和点位修正,具体操作如下:

1)鼠标右键单击操作节点,选择编辑操作,点击编辑点,如图 6-59 所示。

2)点位修正:在点序号中,依次查看各点机器人姿态,选择合适的基准点,在批量调节处选择需修改的点序号区间,点击同目标点即可,如图 6-60 所示。

图 6-59　编辑点界面

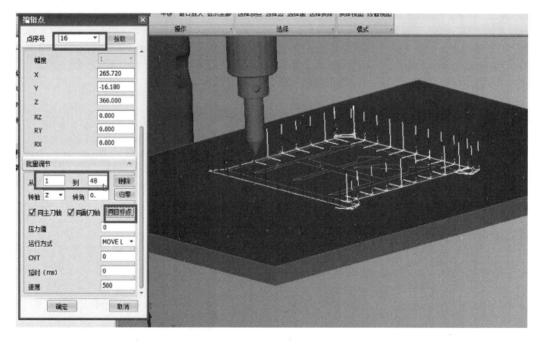

图 6-60　调整各点机器人姿态

3)点位新增/删除:在点序号处选择基准点,在点添加方式处,选择前面添加或后面添加,点击确定,再修改 Z 轴高度即可。删除方法类似,以上过程中,勾选机器人随动,如图 6-61 所示。

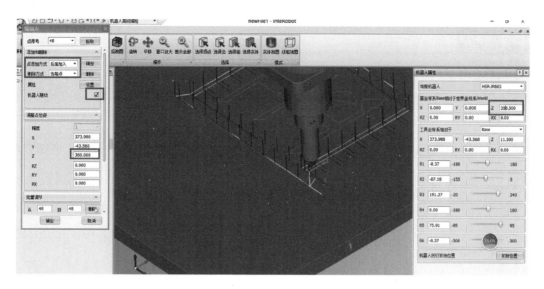

图 6-61 新增点位

4. 机器人写字离线编程代码输出

点位修改完毕后,重新生成路径,运动仿真无误后,可将代码输出保存,拷贝至机器人示教器,运行程序,验证实际写字效果。操作步骤如图 6-62 所示:

1) 鼠标右键单击操作节点,选择输出代码;

2) 选择输出代码保存路径,先阅读控制代码,再输出代码。

需要注意的是:输出代码的文件名称必须保存为大写。

(a)

(b)

图 6-62 输出代码

机器人写"国"字离线编程运动仿真视频见二维码 6-5。

任务考核

机器人写字离线编程与仿真任务考核评价见表6-3。

表6-3　机器人写字离线编程与仿真任务考核评价表

综合素养（45分）

序号	评估内容	标准	自评	互评	师评
1	出勤 （5分）	迟到、早退 5分钟内扣2分 10分钟内扣3分 15分钟内扣5分			
2	课堂参与度 （10分）	9～10分：认真听讲，做笔记，积极思考，主动回答问题 6～8分：较认真听讲，做笔记，被动回答问题 0～5分：学生上课有玩手机、交头接耳、走神等现象			
3	安全规范操作 （10分）	机器人碰撞，一次扣5分 安全检查，缺一次扣2分 安全关机不到位，一次扣2分 踩踏线缆、示教器随意放置、运行中进入工作空间等安全隐患，一次扣1分			
4	程序原创 （10分）	抄袭、复制、照搬程序，且无法讲解其含义，扣10分 照搬程序，能讲解其含义，扣5分 有创新点，加2分 有创新点，能实现，加3分			
5	团队协作、沟通交流 （10分）	9～10分：分工明确，沟通交流顺畅，组内传帮带 6～8分：被动分工，偶有交流 0～5分：分工不明，独善其身 组外传帮带、课外助教，加3分			

理论知识（15分）

序号	评估内容	标准	自评	互评	师评
1	讲解工作站搭建方法（5分）	根据完整度和准确度给分			
2	讲解路径生成与点编辑方法（5分）	根据完整度和准确度给分			
3	描述代码输出方法与注意事项（5分）	根据完整度和准确度给分			

技能操作（40分）

序号	评估内容	标准	自评	互评	师评
1	写字任务离线工作站搭建 （10分）	根据数量和准确度给分			
2	写字任务路径生成与点编辑 （20分）	根据正确性和完整度给分			
3	代码输出与在线调试（10分）	根据运行效果给分			
综合评价					

项目小结

本项目使用 HSR612 机器人,完成了机器人写字的示教编程工作任务;使用 InteRobot 虚拟仿真软件,完成了机器人写字的离线编程与仿真工作任务。

本项目主要介绍了复杂指令的手动输入、利用寄存器下标规律构建循环缩减程序、搭建机器人工作站、路径生成与点编辑、虚拟仿真与代码输出等内容,使学习者能进一步掌握机器人的指令系统、程序优化方法,同时熟悉机器人离线编程与虚拟仿真流程,为后续课程的教学奠定基础。

项目拓展

请同学们根据任务一的功能开发,借助线上学习资源,自主尝试示教编程实现机器人画画功能,图案如图 6-63 所示,功能演示视频见二维码 6-6。

图 6-63　机器人画画

思考与练习

一、填空题

1. 当需输入指令较复杂或指令系统中无该指令时,一般用＿＿＿＿＿＿＿＿指令输入。

2. 任务二中使用的机器人离线编程仿真软件为＿＿＿＿＿＿＿。

3. 离线编程生成在代码输出时,其文件名应为＿＿＿＿＿＿＿。

4. 分析以下程序段,循环执行次数为＿＿＿＿＿＿＿。

IR[1]＝1

WHILE　IR[1]＜＝14

MOVE ROBOT　LR[IR[1]]＋LR[100]

MOVES ROBOT   LR[IR[1]]

IR[1]=IR[1]+1

MOVES ROBOT   LR[IR[1]]

MOVES ROBOT   LR[IR[1]]+LR[100]

IR[1]=IR[1]+1SLEEP 100

END WHILE

二、编程题

使用 HSR612 机器人,完成机器人写字作业的程序设计,书写汉字"中国"。

参 考 文 献

［1］叶伯生. 工业机器人操作与编程［M］. 3 版. 武汉：华中科技大学出版社,2022.

［2］卢青波,张涛. 工业机器人操作与编程［M］. 武汉：华中科技大学出版社,2019.